日常产品设计心理学

DESIGN PSYCHOLOGY OF EVERYDAY PRODUCT

刘玲 著

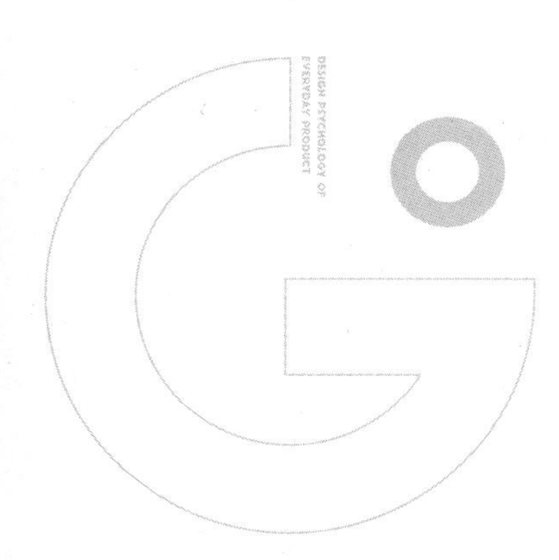

机械工业出版社
CHINA MACHINE PRESS

本书主要从生活中的设计心理学、知觉与知觉行动、认知与认知行为、设计中的创造性思维、用户调研与产品优化、设计以人为本等方面阐述产品设计心理学的基本原理和特点。本书语言通俗易懂，结构清晰，从日常产品入手，侧重案例解析，并结合设计心理学理论分析用户心理机制和产品使用体验，引导设计师成为优秀的观察者、分析者和实践者，帮助设计师更精准把握用户需求，建立以用户为中心的设计思维，并推广和践行以人为本的设计理念。

本书可以作为产品设计师、产品经理及设计领域工作人员的入门参考书，同时也可以供设计相关专业师生研究和学习参考。

图书在版编目（CIP）数据

日常产品设计心理学 / 刘玲著 . — 北京：机械工业出版社，2022.6
ISBN 978-7-111-70694-6

Ⅰ. ①日… Ⅱ. ①刘… Ⅲ. ①产品设计–应用心理学 Ⅳ. ① TB472–05

中国版本图书馆CIP数据核字（2022）第076173号

机械工业出版社（北京市百万庄大街22号 邮政编码100037）
策划编辑：徐 强 责任编辑：徐 强
责任校对：韩佳欣 王明欣 责任印制：李 昂
北京联兴盛业印刷股份有限公司印刷

2022年7月第1版第1次印刷
170mm × 230mm · 14印张 · 158千字
标准书号：ISBN 978-7-111-70694-6
定价：69.00元

电话服务
客服电话：010-88361066
010-88379833
010-68326294
封底无防伪标均为盗版

网络服务
机 工 官 网：www.cmpbook.com
机 工 官 博：weibo.com/cmp1952
金 书 网：www.golden-book.com
机工教育服务网：www.cmpedu.com

推荐序

我们每个人的生活都离不开日常产品。那么，什么样的产品才算是一个好的产品，好的产品的设计标准与理念又是什么，这是很多人在生活中都会关注的问题，当然也是日常产品设计师需要直面的问题。

产品归根到底是为人服务的。“以人为本”是产品设计的重要原则，是检验产品设计是否成功的衡量标准，也是产品设计师所要遵循的最基本的设计理念。随着社会文明的发展进步，“以人为本”不仅是一种价值理念，更是一种现代设计中的重要思维方式，产品设计已经越来越由“机械化大生产”转向“以人为本”的“人性化”设计。

“以人为本”的人性化设计理念，要求产品设计者在设计中更多考量人的因素，包括心理习惯、消费习惯、使用习惯、生活习惯等诸多方面的好恶与需求，始终以人作为产品设计的出发点和落脚点，尊重人的使用习惯与生活习性。设计师通过“人性化”因素的注入，赋予产品设计以“人性化”的品格，使产品具有情感、个性、情趣和生命，最终达到产品的人性化设计目的。因此，在现代产品设计中越来越注重用户的心理学研究，正因为如此，作为设计学和心理学结合而产生的新的学科，设计心理学越来越受青睐。

北京印刷学院刘玲老师撰写的《日常产品设计心理学》这本书内容实用，示例清晰，以创造直观而又有吸引力的产品设计为宗旨，讨论了产品设计师必须了解的心理学问题，启发引导产品设计师思考、分析和解读人们日常行为和心理特点，帮助产品设计师成为优秀的观察者、分析者和实践者。因此，我诚意向所有设计专业的学生以及对设计心理学感兴趣的读者推荐这本书，希望这本书能有更多潜在的力量被不断地发现和利用。

徐东华

机械工业经济管理研究院院长

前　言　PREFACE

对于用户来说，什么是好用的日常产品？

如今，我们身边充斥着越来越多的看似高科技的多功能产品。这些多功能产品设计的目的是简化和方便人们的生活，而现实情况是这样么？一些产品的功能虽然越来越多，却使每天的生活变得更忙碌、更复杂、更不舒适，看起来像一场永无休止的战斗，人们需要不断对抗困惑、迷茫、沮丧，以及此起彼伏的差错。如果我们每天把有限的脑力、体力、精力都耗费在适应这些产品上，这显然和我们对日用产品的需求相背离。

产品是为人服务的。设计优秀的产品容易被人理解，因为它们给用户提供了操作方法上的线索；而设计拙劣的产品使用起来则很难，主要在于它们不具备任何操作上的线索，或是给用户提供了一些错误的线索，使用户陷入困惑，破坏了正常的解释和理解过程。一个良好开发的产品，是能够同时增强用户心灵和思想上的感受，能够使用户怀着愉悦的感觉去欣赏、使用和拥有它的。因此，产品设计师一定要考虑用户的行为习惯、知觉特点、认知规律、出错可能等因素，从用户的视角去理解产品，从用户的知觉特点和认知模式角度去设计产品，使产品设计更加符合人们的使用规范、使用要求和使用习惯，使产品便于用户的理解和使用，使人们的生活因为设计变得更方便易行，却不增加额外的学习负担。

本书是产品设计人员入门工具书，主要从生活中的设计心理学、知觉与知觉行动、认知与认知行为、设计中的创造性思维、用户调研与产品优化、设计以人为本等方面阐述产品设计心理学的基本原理和特点。本书从日常产品入手，侧重案例解析，结合设计心理学理论分析用户心理机制和产品使用体验，引导设计师成为优秀的观察者、分析者和实践者。

人既是设计的起点，又是设计的终点。人们通过产品与环境交流，交流的过程存在着相互联系和作用，与此同时，人们不断提高的思想观念、审美观、生活水平等对产品设计的发展方向也有显著影响。基于用户需求的产品设计就是始终以用户为中心，从用户的需求视角出发，使产品达到更易操作、更安全、更舒适的标准。同时，设计师重视产品使用过程中的用户体验，使产品使用效果达到用户的心理预期，让用户在使用过程中找到原本对产品的期待感和愉悦感。

随着设计的发展，以人为本的设计思想与设计实践变得更加丰富，以人为本的设计理论也将更加完善，更加统筹兼顾人与人、人与社会、人与自然的关系，使社会变得更加和谐。希望通过本书帮助设计师深度挖掘没有被用户表达出来的需求，更精准把握用户心理，以用户需求为导向，建立以用户为中心的设计思维，推广以人为本的设计理念。

我在北京印刷学院产品设计专业任教，长期讲授“产品设计心理学”课程，本书是课程讲授过程中对产品设计心理学理论进一步学习研究的心得与总结。本书撰写过程中，得到了北京印刷学院胡雨欣、毕付彦、严玉彬、曹鑫怡、乌日汗、郭佳潇等同学的协助。

书中的错漏不当之处，诚请各位设计师和广大读者斧正。

刘　玲

2022年

目　录　CONTENTS

第一章

生活中的设计心理学

人们一天中能够接触到多少件日用产品？少则几十件，多则上百件，甚至更多。人们越来越依赖这些日用产品，同时也在不断对抗使用这些产品过程中此起彼伏的差错。面对数量众多、功能繁复的日用产品，如果需要花费大量时间和精力去记忆产品的使用方法，势必会影响产品的用户体验。因此，无论是从功能还是易学易用性方面，产品需要让用户感到方便和愉悦。

产品设计的真正挑战是理解终端用户，挖掘其未得到满足和未表达出来的需求。

——唐纳德·A. 诺曼

在日常产品设计中，心理学无处不在。

对于用户来说，什么是好用的产品？

面对这个问题，产品设计师和用户似乎有着共同的追求和答案。然而，实际情况是怎样的呢？

回想一下，在一天的时间中人们能够接触到多少件日用产品？每天早晨一起床，我们穿衣、开灯、刷牙、洗脸、打电话、锁门、开车、办公、购物、做饭、洗碗……一天时间中人们要接触的日用产品少则几十件，多则上百件，甚至更多。这些日用产品是人们生活当中必不可少的组成部分，所起的作用和功能相对来讲都是比较单一的，而且是被人们反复使用的。人们越是依赖这些日用产品，就越会形成一种习惯性思维和动作。然而，从家里越来越多的自动化用品到越来越复杂的汽车仪表，人们身边充斥着越来越多的看似高科技的多功能产品，使每天的生活看起来像一场永无休止的战斗——对抗困惑、迷茫、沮丧，以及此起彼伏的差错。

你是不是埋怨自己的记性不好？

竟然连这些东西都记不住？

这究竟是谁的错？

我们先来看看下面这些例子。

1.1 生活中的“麻烦事”

案例 1 令人手忙脚乱的炉灶

面对这款五个灶头的炉灶（见图 1-1），看起来似乎非常实用，但是当你真正开始做饭时，问题就来了。你能够直观地看明白面前的五个灶头与右边竖向排列的五个开关之间的对应关系吗？很难。设想一下，做饭时如果把锅放在了左上角的灶头上，那么当你要去控制灶头火力大小的时候，到底要按哪一个开关？是最上面的？是最下面的？还是正数第二个？倒数第二个？如果五个灶头上同时放着五个正在噗噗冒热气的锅，你又该怎么办？哎！真是令人手忙脚乱的炉灶！

图 1-1 令人手忙脚乱的炉灶

在人们的视野范围中，五个炉头和五个开关处于一个平面空间，但因为炉头和开关二者位置对应关系不清晰，就造成了人们操作时的判断困难。最佳的设计应该是将每个灶头与其对应的开关放置在就近的位置，让操作者能够一目了然。

案例 2　叫人摸不着头脑的开关

每当我进到这间教室想开灯时，就会遇到一个很尴尬的问题。看看教室天花板上的四排灯，再瞧瞧这款四个按钮的开关面板（见图 1–2），我迷茫了！开关面板上是四个一模一样的按钮，天花板上是四排一模一样的灯，面板上这左上、左下、右上、右下四个开关按钮与天花板上这四排灯到底是什么样的对应关系？究竟哪一个开关控制第一排灯？实在搞不清，怎么办？要么一个一个试，要么索性一起打开。如果幸运，可能会一次就找对开关，但是下一次呢？下一次再进这间教室时，我仍然面临同样的记忆考验。哎——叫人摸不着头脑的开关。

图 1–2　叫人摸不着头脑的开关

室内电灯通常被安装在天花板上，而开关通常被安装在立面的墙上，人们需要在头脑里将立面开关位置转换对应到顶面天花板的位置上，才能将开关与灯两者匹配起来。这个过程需要大脑很强的视觉空间判断和思维转换能力，如果没有清晰的视觉提醒，人们很难完成准确的判断和操作，这就需要设计师通过开关的造型、符号、色彩、位置等方面的设计给予人们必要的视觉提示。而这款开关的设计显然没有解决这一匹配问题，没有把面板上每一个开关与天花板上灯的位置准确对应上，这就造成了人们使用时的混淆。

案例 3　傻傻分不清的洗发水和护发素

设想一下这样的场景，在水汽缭绕、雾气腾腾的浴室中，我摘下了眼镜，头上已经打湿了水，面对这样两个几乎一模一样的瓶子（见图 1-3），如何快速找到洗发水？我只好试着回忆一下，记得上次用的时候好像是粉色条纹的这瓶。哦，不对，又拿错了！哎—— 不得已，我只能一边尽量防止头发上的水流进眼睛里，一边拿着这两个瓶子放在眼前，仔细地从瓶体上若干相似的图文信息中去分辨“洗发水”和“护发素”这三个字的信息提示，同时心里默念“这次一定要记住！”这样的洗发体验实在是太糟糕了！

图 1-3 傻傻分不清的洗发水和护发素

这套洗发水和护发素瓶体包装设计太过雷同，设计师没有考虑到用户在特殊使用环境下的操作便捷性，造成用户使用体验不佳。

案例 4 一扇让人无从下手的门

这扇门（见图 1-4）是该推？还是该拉？很明显，这个门的把手是在玻璃门内侧的，但是它又在玻璃门的外侧贴上了一个“拉”的标识，标识设计和功能造型的语义完全相反。这真是一扇让人无从下手的门。

图 1-4　一扇让人无从下手的门

从上面这些例子中可以发现，很多日用品的使用看起来似乎微不足道，却能够影响人们的心情，令人们心烦意乱，灰心丧气——

不是用户的错，

而是设计出了错！

无论是炉灶按钮还是顶灯开关的设计，设计师都必须始于分析人们想要做什么，而不是始于有关界面应该显示什么，不能让人们处于迷茫、困惑、无助的状态。日用产品的使用应该让人们感到便利和愉悦，而那些设计不佳、不利于人们理解和使用的产品，则被称为**“诺曼门”**。

1.2　“诺曼门”设计

“诺曼门”是一个设计心理学词汇，是由唐纳德·A. 诺曼（见图 1-5）首先提出的。

图 1-5 唐纳德·A. 诺曼

唐纳德·A. 诺曼（Donald Arthur Norman）是美国认知心理学家、计算机工程师、工业设计家。他关注人类社会学、行为学研究，是以人为中心设计的倡导者。诺曼认为，一个良好开发的完整产品，应该能够同时增强用户心灵和思想的感受，能够使用户怀有愉悦的感觉去欣赏、使用和拥有它。

案例 5 令人无所适从的运动手表

这是一款看起来非常酷的运动功能手表（见图 1-6）。手表造型具有很鲜明的运动风，功能非常齐全，造型的整体感很强，造型语言也比较统一。然而，作为这款手表的拥有者，一个不经常佩戴它的人，当间隔很长时间再次戴起这款手表时，谁能告诉我这款手表两旁这些按键怎么用？

图 1-6 令人无所适从的运动手表

这款运动手表上下左右有四个按键，其内部对应的功能也很多，而且这些按键和对应的功能不是完全一对一的，也就是说，一个按键对应两个甚至三个功能。例如，如果我想启用手表上的闹铃功能，我需要先按左边左上角的按键一次，然后再要配合着连续按右下角的按键一次或两次或三次，两边按键操作完之后，手表的闹铃功能就设置好了。这款手表还可以倒计时，可以显示跨时区时间，可以计算跑步配速，可以记录心率等，甚至还有一些现在我已经想不起来的功能。

手表的这些功能确实是很强大！但是，问题来了，这么多的功能与复杂的按键构成对应关系，让我如何能够在很短的时间内都记住，并且熟练运用它？这个问题确实是难倒我了。尤其是我并不经常佩戴这款手表，只在偶尔运动的时候会戴一下。所以，每当我重新佩戴这款手表的时候，就会懊恼地发现，自己又记不起来到底哪个按键对应哪个功能了，这是经常令我沮丧和困惑的问题。

这样的情况一而再再而三地出现，我就考虑是不是应该查一查手表的说明书。然而这时，更让人尴尬的事情出现了！手表的说明书已经找不到了。唉——后来，我又想到一个办法，就是从网上去找这款手表的电子说明书，然而上网一番查找后，无奈地发现这款型号的手表在网上已经没有相关信息了，能够找到的信息对于我已经没有太多可参考的价值了。所以，这款手表最后就“沦”为了一个仅用于显示时间的具有运动造型风格的手表。唉——无奈。

显然，最终这款手表提供给我的使用价值与它的售卖价格并不匹配。设计师赋予了这款手表若干个功能，但是，到了我这里却是用原本若干个功能的价格换来了一个最基本的功能，而我仍然要为其余若干个经常忘记如何使用的功能买单，那么对于我而言，这款产品的性价比就不高了。

这个例子告诉我们，有的时候产品功能设置并不是越多越复杂越好，而是一定要基于用户对产品的功能需求和使用场景定向设计。因为用户在购买某个产品的时候，其功能需求和使用场景是明确的，所以产品开发就要围绕相对确定的用户需求去做定向设计，而不是把所有能集成的功能都集中在一起，这样做反而过犹不及——冗余就是浪费。

当然，从设计师的角度来看，产品配套设计了使用说明书，用户理应去读、去学、去研究。然而，人们常常面临的一个实际情况是，并没有那么多时间和精力去深入研究和学习如何使用一款手表、一个电动牙刷、一个电饭煲等日用产品。即便是刚开始学过了，但是真正到了使用这些产品的时候大概率又会忘掉，因为人是会遗忘的。那么，当忘记如何使用某个日用产品的时候，人们还有没有可能重新再学习，或者还愿不愿意重新再学习，这是一个特别现实的问题。

没有愚蠢的**用户**，
只有糟糕的**设计**。

日用产品多功能设计的目的是简化和方便人们的生活，然而现实情况是，产品的功能越来越多，人们的生活变得更忙碌，更复杂，更不舒适。

日用产品不是航天飞机，不是精密仪器，不是那些必须由工程师全神贯注操作的机器。用户不是机器，是活生生的人，将机器设置好程序之后，可以准确无误地进行操作，而人不行。如果人们每天把所有的脑力、体力、精力都耗费在记住如何打开灯，如何打开炉灶，如何开门上——这显然和人们对日用产品的需求是相背离的。人的大脑存储是有限的，如果人们的注意力都集中在处理类似这样“低级”的信息，哪里还有时间和精力去思考更重要的事呢？当人们面对众多功能繁复的日用产品，需要花费大量时间和精力去记忆产品的使用方法时，就会影响产品的用户体验和用户对产品的认可。

这些令人困惑的产品在诞生之初都是设计师花费了很多时间和脑力设计的，但是为什么在用户使用的时候会出现这样或者那样的不方便？这说明设计师在进行产品设计的时候，没有从用户心理的角度考虑问题，没有从用户需求的角度出发进行设计，而是仅仅从设计师个人的角度去理解或揣摩用户需求，这是设计师要面对和思考的问题。

随着技术手段的不断进步，以及人们的消费习惯、使用习惯、生活习惯的变化，人们越来越认同好设计其实并不一定是更复杂的设计，或者说更难以操作的设计，相反，好设计应该是更直观，更容易分辨，更不需要费脑筋的设计。

设计师设计的产品最终是要为用户服务的，因此，设计师就一定要考虑用户的行为习惯、知觉特点、认知规律、出错可能等，考虑如何从用户的视角去理解产品，从用户的知觉特点和认知模式角度出发去设计产品，使产品设计符合人们的使用规范、使用要求和使用习惯，使产品便于用户理解和使用，使人们的生活因为设计变得更方便易行，而非增加额外的学习负担。

例如，我们在路边经常会看到很多老年人叫不到出租车，一辆辆空车过去，老年人不停招手，出租车却不停。老人们很纳闷，也很生气，其实他们可能不知道，这些车都已经被其他用户通过各种手机打车软件预约了。老人们不会用手机预约，于是，只能无奈地看着一辆辆空出租车从眼前驶过（见图 1-7）。

图 1-7　老年人叫不到出租车

为什么会出现这种现象？因为手机打车软件界面操作并不适合老龄用户操作，很多老龄用户努力学习后还是容易遗忘，甚至受到视力影响根本看不到界面的图形及文字，造成使用困扰。

归根到底，这不是打车软件本身的问题，而是设计师在设计这些软件的时候，把自身学习接受新知识新事物的能力和所有的用户群体接受能力等同了。设计师自认为设计的手机软件操作界面很方便、很好理解，就理所当然地认为所有用户都能理解和操作。

但是不要忘了，有些日用产品的用户群体覆盖面非常广泛，涵盖老人、儿童、残障人士等多种类型的用户，不同类型的用户在理解能力和操作能力等方面都有明显差异。针对这类产品进行设计时，设计师应充分考虑到所涵盖的用户群体在使用时可能面临的困惑和差异，有针对性地发现问题，并逐一解决，才能设计出符合用户需求的产品。设计师需要让产品符合用户需求，无论是从功能方面，还是从易学易用性方面，产品需要让用户产生情感愉悦，感到自豪和快乐。换句话说，设计必须考虑用户的整体体验。

1.3 挖掘没有被人们表达出来的需求

设计心理学是以心理学的理论和方法手段去研究决定设计结果的“人”的因素，从而引导设计成为科学化、有效化的设计理论。设计师在进行产品设计过程中一定要研究用户的心理，研究用户到底想要什么产品，需要什么产品。设计师只有围绕用户的需求进行产品设计，设计出来的产品才能够为用户服务，才能真正打动用户。

以用户需求为导向

对于设计师而言，当面对用户需求进行产品设计时，最根本的出发点在哪里?

用户需求是产品设计的本源，因为人的一切行为都是在自身需求的支配下进行的，这一需求并不统一，分为很多层次。人们的需求多种多样并且在不断发展变化，对于不同年龄、不同性别、不同地域、不同职业、不同文化的人们来说，其需求可能有天壤之别。设计师能够设计出对于所有人都通用的产品吗？显然不能。作为一个设计师，产品的定位要根据不同用户群体的特定需求决定，设计师不单要围绕那些已经被发现的用户需求进行设计，甚至还要去挖掘那些没有被用户表达出来的需求。只有从使用者的具体需求着手，才能使产品设计更好地满足人们的需求，实现更大的价值。

用户需求主要包括生理、安全、社交、尊重及自我实现等方面的需求。在马斯洛的需求层次理论中，生理需求和安全需求是最基本的需要，而社会需求、尊重需求、认知需求、审美需求、自我实现的需求是在基本需求得到满足之后才会产生的。在每个需求的层次之中，人都有“基本”和“更高层次”两种需求。产品设计的最初设计理念来源于它本身的功能性，能满足人类的某些需求，但是就像马斯洛的需求金字塔一样，当满足了使用者最低级的需求后，使用者就会将需求升级。产品设计在满足了使用者的基本需求后，就要考虑使用者在情感方面的需求，这也是马斯洛人本主义思想金字塔理论中最上层的需求。图 1-8 所示为马斯洛的需求层次理论。

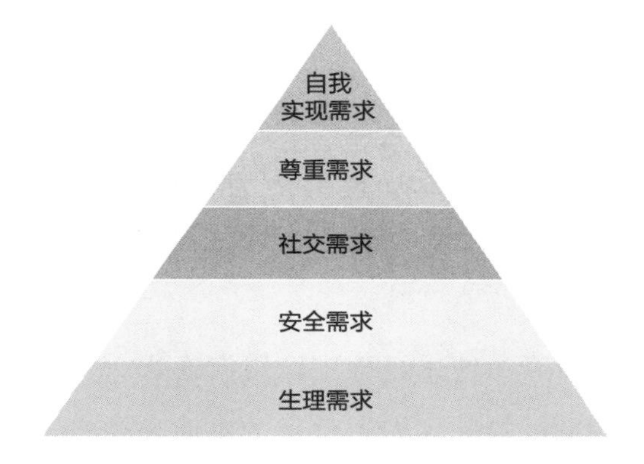

图 1-8　马斯洛的需求层次理论

用户需求的多层次性促使各类产品产生了分层现象，这些需求都是与生俱来的，它们构成不同的等级或水平，并成为激励和指引个体行为的力量。需求的层次越低，它的力量越强，潜力也越大。随着需求层次的上升，需求的力量相应减弱。只有低级的需求得到了满足，才能产生更高一级的需求。而且只有当低级的需求得到充分的满足后，高级的需求才会显出激励的作用，已经得到满足的需求不再起激励作用。

设计师要了解用户不同层次的需求，围绕人们的需求进行设计，从易用性、智能性、愉悦性和创造性上进行突破，贴近使用者，服务使用者，设计出能够满足用户多维度需求的不同层次的产品。这样的设计才能够为用户服务，才能够打动用户，使用户从产品所包含的情感价值中产生共鸣。“以人为本”是产品设计的最终目的，是衡量和检验产品是否成功的标准，也是产品设计师所要遵循的最基本的设计原则。

寻找用户痛点

如今，以用户需求为导向的设计理念开始占领产品设计的主阵地，用户需求下的产品设计并不局限于一些基础性的理论研究，更加强调由此延伸出的实践策略，从而使产品能够满足用户的某种诉求或者解决用户的某个痛点。从这一层面看，基于用户需求的产品设计也可以理解为以用户痛点为中心的产品设计，设计的源头就是寻找用户痛点。

用户痛点是什么？

用户痛点就是在产品使用过程中让用户抱怨、不满意的地方，是产品最需要解决的问题，换句话说，痛点的本质是用户未被满足的刚性需求。当一个人的理想状态和现实状态分离的时候，便会产生问题空间，痛点就是分布在问题空间中的各种问题点。用户痛点一旦被发现，就需要产品设计师紧紧抓住，并围绕这个痛点积极寻求解决问题的设计方案。产品的价值就是能在产品辐射范围内解决用户希望解决的问题。

例如，点快餐不想站着排队是痛点，于是设计手机点餐到桌的软件，使痛点消除。

又如，不想拿快递是痛点，于是，设计提供送货上门的服务模式，使痛点消除。

对于用户没有表达出来的需求痛点，设计师该采取什么办法了解？

设计师要经过调研、观察、分析、理解、发掘、提炼的过程，建立精准的用户画像，才能真正贴近用户的真实需求。尤其是如果想设计一款受用户欢迎的爆款产品，不研究用户的心理需求，是不可能把产品设计得受用户热捧的。如果同类型的竞品很多，用户的心理预期会越来越高，所以，想要在同类型产品中脱颖而出，就需要在用户群体的深层次心理需求上做文章，深度挖掘用户心理需求，才能够达到预期的效果。

建立以人为中心的用户思维

设计师要建立以人为本，以用户为本的思维。**人既是设计的起点，也是设计目的的终点。**

用户思维是一种从设计项目初始就以用户需求为中心，并将这一理念贯穿整个设计流程的设计思维方式。用户思维方式的设计以用户为主，从用户的需求出发，以解决用户的实际问题为宗旨，而不是片面地以物为中心或按照设计师个人的想法设计。因此，以用户为中心的产品设计就更能满足用户的需求，获取良好的用户体验。

设计师要建立以人为中心的用户思维，以用户思维为主要的设计切入点来展开设计。从这个角度看，设计师首先要学会用“诺曼门”的视角发现问题，使设计师更精准地找到产品设计的切入点。就像外科医生做手术，第一刀应该从哪里下很重要，一定要有一双敏锐的善于发现问题的眼睛，才能够直抵病灶。产品设计师也是一样，需要整体观察某个产品，从多个角度去分析产品，最终找出有问题的地方，然后从问题处进行切入，进而找到解决问题的方法。这是一个环环相扣的过程，因此，善于发现问题就是一个设计师非常必要的能力和素质。

设计师建立以人为中心的用户思维，以关注用户的需求为重点，而不是只关注产品本身。这样的产品设计所带来的高效性和友好性，可以大大提升产品的用户体验，进而增加用户的使用黏性。用户思维在产品设计过程中除了通过设计师关注用户的需求和痛点之外，还要充分考虑用户在使用产品时的使用场景，因为很多情况下，产品使用场景也会对用户使用产品造成较大的影响。设计师一定要认真分析用户使用产品的主要使用场景，分析使用场景的环境特点，并有针对性地对用户可能出现的问题，提出合理的解决方案，规避不合理的设计。

例如，现在人们手机上都装有各种各样的 App，订餐、订票、打车、购物，甚至上网课都可以通过手机 App 进行操作。试想一下，如果每一个 App 都需要人们进行一系列复杂操作，花很多的时间和精力去研究，肯定会带来体力和脑力负担。因此，设计者要尽可能在这些 App 的操作界面设计中避免“诺曼门”出现，尽可能简化流程，尽可能简单操作，这样才便于用户使用。

基于用户需求的产品设计就是始终以用户为中心，从用户的需求视角出发，使产品达到更易操作、更安全、更舒适等标准，同时重视在使用过程中的用户体验，使产品使用效果达到用户的心理预期，使用户在使用过程中找到原本对产品的期待感，让人产生愉悦感，这其实就是设计心理学对于产品设计所起的积极作用。

总之，设计心理学就是研究人和物的相互作用。在设计中运用设计心理学，可以帮助设计师更精准把握用户的需求，了解用户行为的规律，做到以人为本。

第二章

知觉与知觉行动

用户操作产品时希望一切相关的信息都可以在自身知觉范围内，而用户自身的知觉与知觉行动是有局限性的。因此，产品本身所包含的视觉、听觉、触觉等一系列对于用户的提醒和帮助就显得特别重要。产品系统表象设计需要符合可探测、可确认、可识别的要求，以此消除用户使用产品过程中的执行鸿沟和评估鸿沟，达到物易我知的最理想效果。

在视知觉中，一旦达到了对某一范式的最简单的理解，它就会显得更稳定，具有更多的意义，更容易掌握。

——鲁道夫·阿恩海姆

2.1 感觉与知觉

什么是感觉

感觉是人脑对直接作用于各种感官系统的一种个体属性直接的反应，是将感受到的信息传到大脑的手段。

对感觉的研究与生理结构和感受器的活动相关，感觉是在感觉器官受到刺激作用时产生的。从感官接受信息的方式来讲，分为五大类感官系统：视觉系统、听觉系统、味觉系统、嗅觉系统、躯体觉系统。这五大类感官系统接收了人们所处周围世界各种各样的信息，使人们对周围世界有了一个直观的反应。

感觉分为外部感觉和内部感觉两大类。外部感觉包括视觉、听觉、味觉、嗅觉和触觉。内部感觉有平衡觉、运动觉、肌体觉。

感觉是一种即时性的、外化的，依赖于感觉器官所产生的一种感受。但是，并不是任何刺激作用于任何感觉器官都能引起反应，只有与该感觉器官适宜的刺激才能产生清晰的反应。能够使某种感受器特别敏感并产生兴奋的刺激，便是该感受器的适宜刺激。例如，光波对于眼睛、声波对于耳朵、味道对于舌头等，都是该感受器的适宜刺激。

感觉是一种最简单的低级的心理现象，通过感觉，人们只能知道事物的个别属性，但不知道事物的意义。但是，感觉又是一种极为重要的心理现象，离开了感觉，任何较高级较复杂的心理现象都不能产生。因此，感觉是一切心理活动的基础，是人的意识形成和发展的基本条件。

什么是知觉

知觉是客观事物直接作用于感官而在头脑中产生的对事物整体的认识。知觉是在感觉基础上产生的，知觉的产生首先源于各感觉器官的感觉过程。感受到的信息从感受器传到大脑，经过大脑思维处理后就产生了知觉。

知觉是对事物整体的反映，是对各种感觉的综合。知觉的分类不能依感受器所产生的感觉种类而分，因为它是对各种感觉通道复合刺激的反应。一般的知觉分类可以按反应活动中起主导作用的感受器来命名。例如，以视觉为主的知觉称为视知觉，以听觉为主的知觉称为听知觉，以身体触摸为主的知觉称为躯体觉等。

知觉是在感觉的基础上产生的，没有对事物个别属性的反映，就不能形成对该事物的整体知觉。但是，知觉又超出了感觉的范围，它是对感觉所获得的事物各种属性的综合反应，它的反应比感觉要深入和完整。知觉的反应要借助于过去的经验，有记忆和思维的参与。

感觉与知觉的关系

感觉和知觉都是产生认识的心理过程，它们是认识过程中两个不同的心理层次。二者既有层次和深度上的区分，又密切联系、相互融合、不可分割。

例如，眼睛看到的颜色是“蓝色”，这是“感觉”。经过大脑处理后，有些人觉得蓝色能反映其开朗性格，而有些人觉得它使自己感到郁闷，这些心理活动可以称为知觉。

感觉反映事物的属性，知觉反映事物的整体；感觉是知觉的基础，知觉是感觉的深入。因此，感觉是最基本最简单的心理现象，没有感觉不仅不可能产生知觉，而且也不可能产生其他一切心理现象。当感觉到的个别属性越丰富，对事物的知觉就越完整。

感觉与知觉的关键区别在于知觉是大脑对于各种感觉器官所接收信息的分析，是一种经验的积累。因此，知觉依赖于人们在日常生活当中所形成的个人经验。而经验的积累很多时候是主观性的，是受外部环境和内在心理影响的。在主客观共同作用的基础之上，每个人的经验又形成了完全不同的知觉理解程度。因此，设计师更应该对用户的知觉理解程度有区别化对待。

2.2 知觉的特性

知觉包括视觉知觉、结构知觉、行为—结果链知觉、运动知觉等。

知觉类型——视觉知觉

眼睛是上帝赋予我们的美好礼物。

——笛卡尔

人的视觉并不是被动“照相”式地直观接受和反映外界刺激，进入大脑的一些视觉感觉会经过思维产生结构造型的心理过程。

在接触陌生的事物或人物时，人们往往首先通过眼睛去观察其外在特征，从形状、颜色、大小等来勾勒其外部特点。观察之后，人们不仅了解到它的外部特征，还会由此联想到它所具备的功能性，这时视觉观看就逐渐转化成为一个视觉知觉思维的过程。视觉知觉思维不像视觉是直接的，它是一个间接的过程，是以感知为基础并超越感知界限，借助已有的知识和经验对事物进行一定分析，并产生结果的理性过程，是较高层次的心理现象。

例如，人看到的不是半球形，而是盛食物用的碗（见图 2-1）；看到的不是圆柱形，而是装水用的瓶子（见图 2-2）。

图 2-1 盛食物用的碗

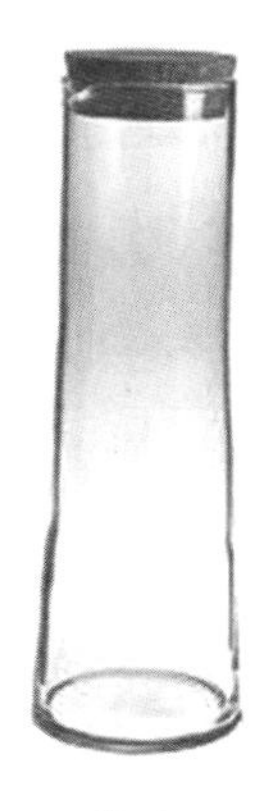

图 2-2 装水用的瓶子

人通过视觉感觉得到的是物体的形状、大小、色彩、材质、肌理等信息，而获得的却是对行动有意义的实物，这就是视知觉形成的过程。所以，观看过程就不能单纯地叫作视觉过程，而应该叫作视觉知觉过程。

研究视觉知觉，就一定要了解格式塔心理学。格式塔是德文“Gestalt”一词的音译，本意是指形式、形状或一种被视觉分离出来的整体。格式塔有两种含义：一是指事物具有特定的形状或者形式；二是指一个实体对知觉所呈现的整体特征，即完形概念。

格式塔心理学从早期研究人类的知觉现象开始，到后来应用在学习、记忆等领域。视觉知觉是格式塔原理中一个重要的研究对象。人们通过眼睛观看来了解产品的外形、颜色，从而再慢慢地了解产品的功能及其所蕴含的文化，整个过程需要借助视觉感知来完成。如今，格式塔心理学被广泛地运用于生活、科技、艺术等领域，并在其中起到了重要的指导与解释的作用。在艺术设计中，特别是在视觉效果设计中，格式塔心理学更是有着十分重要的作用，它是研究视觉知觉的方法论，视觉知觉对于产品设计来说非常重要。

（1）视觉的闭合律

格式塔心理学中一个重要的特征就是整体性与完形性。格式塔心理学派认为，任何一个形都是一个格式塔，是一个具有高度组织水平的知觉整体。格式塔心理学反对元素分析论，强调整体大于局部之和，整体先于部分，部分不能决定整体。这一理论观点成为格式塔心理学的美学理论基点之一。格式塔心理学也将整体认为是“形”，这个形不是事物本身所具有的一些外在的形态，而是视觉知觉进行了积极组织建构的结果或功能。格式塔心理学研究表明，人类在观看某一事物时，会不由自主地去追求事物结构的完整性或是完型性，会在内心自发地表现出弥补“形”的缺陷的倾向，这种心理活动的结果就会使外界环境的“形”本身达到完善化或形成良好的“完形”，这就是格式塔心理学说的完形原则。图 2-3 所示为格式塔心理学中的完形。

人们通过看的方式感知事物，同时也在大脑中对其进行简化、组合、抽象及分离等处理。因此，视觉器官除了帮助人们认识了解世间万物，还具有特殊的思维倾向。视觉不仅是一种观看活动，更是一个理性思维的过程。视觉通过闭合律起作用，使人们在看到一些不连接的造型局部时，会通过视觉将其空白的部分连接整合起来形成一个完整的造型。（见图 2-4）。

图 2-3　格式塔心理学中的完形　　图 2-4　视觉的闭合律

（2）视觉的就近律

视觉的就近律是指位置接近的物体，人们更容易把其看成一个整体。

例如，在一排排 u 和 m 的字母组合中，人们很容易将其中所有的 m 看成一个整体（见图 2-5）。

u u u u u u m m m m m m m m u u u u u u
u u u u u u u m m m m m m m u u u u u u u
u u u u u u u u u m m m m u u u u u u u u u
u u u u u u u u u u m m m u u u u u u u u u
u u u u u u u u u u u m u u u u u u u u u u u

图 2-5　视觉的就近律

（3）视觉的连续律

视觉的连续律是指人们往往倾向于使知觉对象的直线继续成为直线，使曲线继续成为曲线。

例如，一行断断续续的横线，人们看到时很容易将其看成连续的一条直线（见图 2-6）。

\- - - -   - - - - - - -   - - - - - - - - - - - -

图 2-6　视觉的连续律

（4）视觉的恒常律

视觉的恒常律在人的视觉感受中普遍存在。当视觉的对象在一定范围内变化了的时候，视觉知觉的映像仍然保持相对不变。不同颜色的仪表及指针，在白昼、黄昏和月色下，其色彩变化很大，但人们总觉得颜色不变。

例如，大厅的门可能看起来很小，一本书在近处可能很大，但我们感知到的仍然是它的实际尺寸，而不会感到书比门大，这就是视觉尺度恒常律在起作用（见图 2-7）。

图 2-7　视觉的恒常律

此外，在味觉、嗅觉、肤觉以及身体位置的知觉中，也都有恒常性的特点。

人的视觉位置与视觉感受到的物体密切相关，人的知觉与环境合一。

例如，坐在汽车驾驶位置，可以看到前方 5 米，但是却看不见车头下面和前车轮旁的东西，如果仅仅为了美观而把车头设计得很高，这对司机是很危险的。再例如，为了引导司机，马路上画了很长的箭头，但从汽车内司机的角度看，这些箭头并不长（见图 2-8）。

图 2-8　马路上的长箭头

视觉错觉

眼见不一定为真。

人们的眼睛经常会忽略一些信息，而大脑却常由此直接得出结论。这是因为人们每天都会接收海量的视觉信息，大脑只有省略一些工序才能完成所有的工作。这一特点帮助了早期人类，使人类遇到天敌的时候能够迅速反应，存活下来，但这也意味着人们常常会被一些简单的视觉幻象所愚弄。

例如，放在画面中央同样为白色的圆形，四周被较大的圆形所包围的圆形看起来反而显小。而放在黑底画面中央的白色圆形，要比放在白底画面中央的黑色圆形显得大（见图 2-9）。

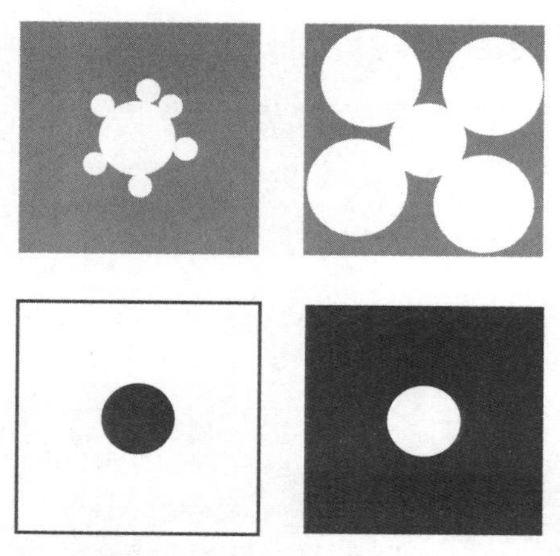

图 2-9　视觉错觉

视觉压缩现象

若干条近乎平行的小线段附着在同样弧度的两条曲线上，由于附着在外侧的线段看上去是把弧线向外拉，而附着在内侧的线段看上去则是把弧线向内拉，因而，后者的弯曲程度显得比较大，同时，由于线段数目较少，所以弧线也显得比较短（见 2-10 所示）。

图 2-10　视觉压缩现象

黑林错觉

黑林错觉的形成图片非常简单，但是当人用眼睛去观察图片的时候，就会产生错觉，认为所有的直线都是弯的（见图 2-11）。

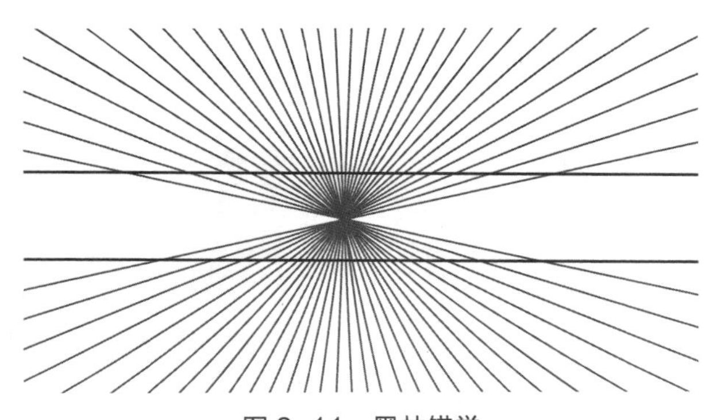

图 2-11 黑林错觉

知觉类型——结构知觉

人们用智力和思想把感官获得的信息与已有的经验结合起来，当感官信息没有提供完整理解时，大脑就不得不使用知识和推理。人们的知觉系统把颜色和形状最终处理成为对象的结构、功能和行为过程，然后进行下一步认知。在各种知觉行动中，知觉对象的结构信息都是人们观察的重要方面。

例如，杯子的形状使人马上想到它的行动象征含义（盛水、喝水）和使用含义（怎么端杯子，怎么入口），而不是想到它是一个几何体（见图 2-12）。杯子的容量大小意味着可以盛多少水，杯子的直径大小意味着是否能够用手把其稳固地端起来。当用大杯子给小孩喂水时，就会担心水从杯子两侧漏下来。

人们使用产品时会通过功能结构观察操作方式。因此，设计者应当按照人们的知觉需要从外观设计上为人们提供所能理解的功能结构和操作结构。

例如，图 2-13 这个把手是转的还是拉的？从把手的造型和结构上提供给人们的知觉信息比较含糊，无法直观判断，人们只能动手试试才知。

图 2-12　杯子

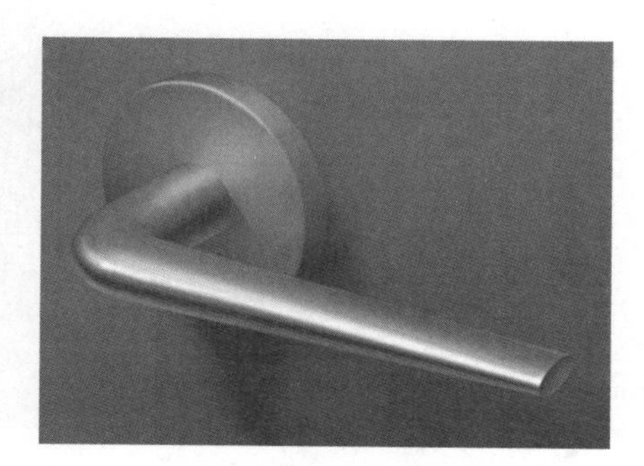

图 2-13　不知是转还是拉的门把手

因此，从用户角度把几何形体理解成使用的含义，结构知觉更接近用户的需要。

知觉类型——行动—结果链知觉

行动—结果链知觉是指“行动”及其“结果”之间的联系，反映行为程度与效果之间的关系。正确地掌握操作需要用户经过一些失败的操作，积累负面经验。

例如，这两个卫生间的标识明显存在信息不匹配的问题，到底哪个是男厕？哪个是女厕？（见图 2-14）

如果产品设计不符合用户的知觉经验，就可能给用户造成不必要的麻烦。设计师要考虑“行动”及其“结果”的因素，使用户比较容易理解产品的行为过程，从而知道怎样进行操作，在设计产品时确保可以通过产品设计向用户传递设计师所希望展示的内容。

图 2-14 难以分辨的洗手间

知觉类型——空间知觉

空间知觉是对物体的形状、大小、远近、方位等空间特性获得的知觉。空间知觉是多种感觉器官包括视觉、听觉、触觉、运动觉等器官协同活动得到的产物，其中“视觉系统”起主导作用。空间知觉包括形状知觉、大小知觉、距离知觉、深度知觉（立体知觉）、方位知觉等。物体在空间的方向、位置是相对另一物体而言的，后一物体是前一物体方位的参照体。

例如，东、西、南、北的方向是以太阳出没的位置和地磁的南北极为参照体的。日出处为东，日落处为西，地磁的南极为北，北极为南。人们一时分辨不清东西南北的方位，就要看太阳、月亮、星象，充分利用罗盘和其他仪器来定向，上、下的参照体主要是高空和大地，前、后、左、右则完全是以知觉者自身的面背朝向为参照体的（见图 2-15）。

图 2-15　空间知觉

空间知觉是靠视觉、听觉、触觉、运动觉以及平衡觉的协同活动来确定的，是在后天实践中形成、发展和完善起来的。

知觉类型——运动知觉

运动知觉是指物体运动的空间位移和移动速度的知觉。运动知觉与时空知觉有不可分割的关系。

运动知觉的产生依赖于主客观两方面的条件。客观条件方面，运动知觉首先依赖于物体运动的速度。运动速度过缓或过快，都不能使人们觉察出物体的运动状态，只有那些速度适中的运动才能被人们觉察为运动。眼睛刚刚可以辨认出的最慢的运动速度，称为视运动知觉的下阈；快到看不清时的运动速度称为视运动知觉的上阈。视运动知觉的阈限用视角 /s 来表示，研究表明，视运动知觉的下阈为（1'~2'）/s，上阈为 35° /s。

运动知觉还受运动物体与观察者距离的影响，以同样速度运动着的物体，如果离人近，看起来速度快，如果离人远，看起来速度慢，甚至看不出它的移动。

这种感受在驾驶舱向外观察景物时最为明显（见图 2-16）。

图 2-16 从驾驶舱向外观察景物

另外，观察者自身的运动或静止状态也是运动知觉的一个重要条件。

知觉的局限性

人对物理量和化学量知觉的能力是有限度的。

例如，你能靠眼睛来区分 10cm 与 10.1cm 吗？

你能用触觉识别 90℃与 80℃水温的差别吗？

你能用耳朵听出 60dB 和 70dB 的差别吗？

你能用眼睛看出一个金属上是否带有 220V 高压电吗？

答案肯定是——不能。

人的知觉几乎对一些物理量的数据都不敏感，这些都是产品设计时应当认真考虑和解决的问题，也恰恰是容易被设计师忽略的问题。

2.3 知觉行为

什么是知觉行为

知觉行为是一系列组织并解释外界客体和事件而产生的感觉信息的加工过程。

知觉行为包含触觉行为、听觉行为、视觉行为、运动觉行为、味觉行为（见图 2-17）。

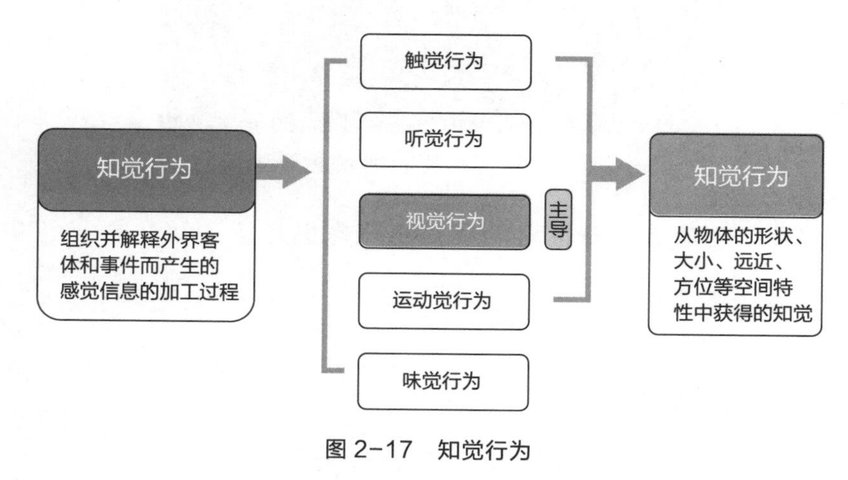

图 2-17　知觉行为

知觉行为的特点

知觉是人的心理较高级的认知过程。用户的知觉行为是“先感后知”的过程。人通过感觉器官，将感受到的信息传递到大脑，经过大脑处理后就产生了知觉行为。知觉行为具有整体性、恒常性、意义性和选择性。

在用户接收外部信息的过程中，眼、耳、鼻、舌、口、手等这些感觉器官都是作为外界信息接收的途径。但是，这些感觉器官所起到的作用比重是不一样的。其中眼睛作为视觉感官，其所起到的信息接收作用是最重的，能占到70%~80%。在知觉行为中，绝大多数的信息来源是视觉，因此，视觉行为占知觉行为的主导。产品所提供的视觉信息，对于引导用户正确使用产品至关重要。设计师在研究用户知觉特点和能力范围的时候，重点是以视觉知觉作为主要研究部分。

产品形态的语义

形态的语义功能是指人们通过观察产品形态，就能够获得产品的功能用途、操作方式和程序等信息。

所谓“形态”，它包含了两层意思，即“形状”和“神态”。“形”通常是指一个物体外在的体貌特征，是物质在一定条件下可见的外在表现形式。“态”则是指物体内在呈现出的不同精神特征，是蕴藏在物体内的“精神状态”。

“形态”综合起来就是指物体外形与神态的结合。形态设计是设计的重要内容，任何客观的事物都以各自的形态存在。好的形态能够给人们带来美的心理享受，创造美的形态是设计师的主要工作内容。

设计师使用特定的造型方法进行产品的形态设计，在产品中注入自己对形态的理解，使用者则通过形态来选择产品，继而获得产品的使用价值，所以形态是联系设计师、使用者和产品三者的一个媒介，产品语义研究在产品设计中有着举足轻重的作用。

符号形态是对现实形态的一种抽象和概括，是一种表示成分（能指）与一种被表示成分（所指）之间的结合体。例如，标志就是一种符号形态。将符号学原理应用到产品领域，就形成了产品符号学，其中一个研究形态与意义关系的重要分支就是产品语义学。产品造型中关于体现产品的象征性、如何使用、环境提示等内容的形态都属于符号形态。

形态作为一种符号，其本身就是信息的载体。它通过对人的视觉、触觉、味觉、听觉的刺激，来传递信息或帮助人对以往经验进行联想和回忆。通过对各种视觉符号进行编码，综合造型、色彩、肌理等视觉要素，使产品形态能够被人理解，从而引导人们正确而又快捷地使用。

（1）力感

力感是由人的心理感受所产生的，形态给人的力感是人对各种形态的认识和对造型产生的共鸣在心理上的反映。

（2）量感

形体设计中的量感可以理解为体积感、容量感、重量感、范围感、数量感等，包括心理上的和物理上的量感。

（3）动感

在设计中，通过体、面的转折、扭曲，形体、空间有节奏的变化，以及线形方向的变化来表现形态的动感。

（4）空间感

空间给人的心理感觉来自于形体向周围的扩张或收缩，心理空间是随着物体形态在空间变化中的大小，所构成的一个视觉心理范围。人的空间概念是由人的各种感官互相协调，通过了解外在事物与人们自身的相互关系后才确定的，必须与人们的身体运动经验相结合。

因此，设计师在设计产品时，就需要深入考虑人们的共有经验和视觉心理，通过形态来准确传达产品的语义信息，同时要注意形态理解的多义性，避免造成错误的语义理解。形态的语义功能体现在以下几个方面：

1）通过形态来提示产品的使用方式。其手段主要有通过形状的形似性暗示其使用方式。

2）通过形态提示产品的功能和特点。任何一款产品都能给人一定的视觉感受，产品的形态应该体现产品所具有的最主要功能和特点，使用户能够最快、最省力地了解产品是用来做什么的以及产品的主要特性。另外，通过形态，产品应该体现出与其他同类产品的相异之处。

3）形态的象征意义。形态还能传递象征性的语义信息，如技术的先进、档次的高低、产品的文化内涵等。

视觉行为的特点

视觉知觉的形成

视觉是通过眼睛的底部视网膜作用，将光信号变换、滤波和编码，形成神经系统的内部表达信号，传递给视觉神经和中枢神经系统，最终形成视觉知觉。图 2-18 所示为眼球生理结构和功能。

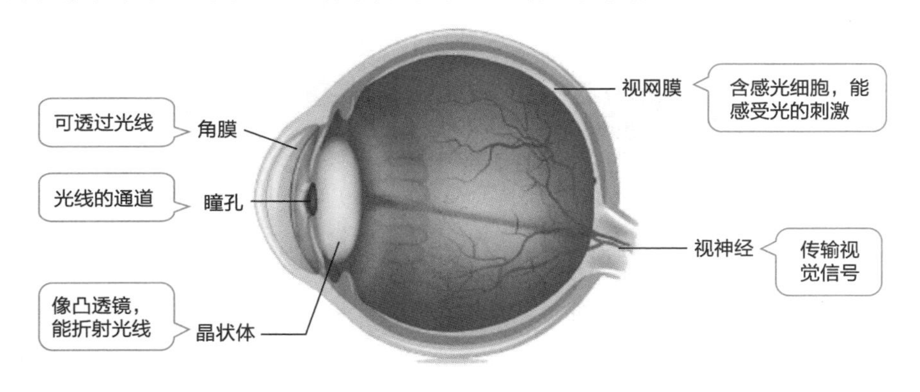

图 2-18　眼球生理结构和功能

生理构造对视觉行为的影响

（1）色彩的识别

人眼能识别 0.38~0.76μm 可见光（也就是通常说的红橙黄绿青蓝紫光），其中红黄色是前进色，蓝紫色是后退色。色彩明暗程度不同，人的视觉感觉不同，产生的心理感受也不同，明亮的前进色更易于识别。

关于色彩的前进和后退，不是指色彩的色相问题，实际上是指色彩的波长，是用户识别色彩时的反应时间问题。所以，设计师要充分考虑用户的视觉知觉特征。

例如，校车和运输危险化学品的车辆车体常选择明亮的黄色，或者在车体最醒目的位置用黄颜色的标识，就是因为黄色是明亮的前进色，可以使车辆更醒目，能够最大限度地起到色彩警示和提醒作用（见图 2-19），这就是色彩的前进色所起的作用。

图 2-19 校车

关于后退色，一个非常典型的例子就是迷彩服（见图 2-20）。制作迷彩服所选择的颜色是典型的后退色，如绿色、棕色、土黄色。这些颜色搭配迷彩的花纹，就很容易使穿着迷彩服的士兵“消失”在自然界的环境中。所谓的“消失”并不是不存在了，而是在人们的视线中变得不突出了，这样就起到了保护的作用。

因此，设计师要了解用户通过视觉知觉接受色彩信息时的差异。有的颜色能“隐身”，有的颜色比较后退，有的颜色看不清，有的颜色比较跳跃。对于设计师而言，重点是如何在设计过程中合理应用不同属性的色彩，根据用户需求和使用场景进行理性的判断选择。应用合理恰当的色彩就是好的设计，反之亦然。

图 2-20　迷彩服

（2）人眼视度范围

人眼视度即人的肉眼可视角度的度数，人眼视度受速度影响很大。人眼对时间响应速度有限，只能分辨静止或运动速度很慢的目标。人眼视度通常最大是 120°，当集中注意力时约为 25°。

例如，人眼视度对于汽车驾驶过程中驾驶员的操控性影响很大。静止状态时，视度是210°，当车速达到100km/h时，视度只有40°（见图2-21）。车速越快，视度越窄，视度夹角越窄则意味着危险性越高。

图 2-21　高速路限速标志

所以，汽车在高速行驶过程当中，驾驶员原来视度范围内大部分能看到的景物现在都看不到了，当汽车两侧出现一些障碍物的时候，障碍物的影像并没有出现在司机的视线范围内，因此很难注意到，容易发生危险。

设计交通指示标志时尤其要注重这一点，以保证交通指示标志真正起到指示作用。反之，就会适得其反。

例如，现在的北京西直门立交桥，是一座 3 层走向型立交桥，二环路机动车道有双向十车道。随着北京交通量的快速增长，西直门桥成为二环路最拥堵的结点。造成西直门立交桥堵车的原因很多，其中一个不可忽视的原因就是其原来的交通指示牌设计不合理。笔者粗略地统计了一下，仅西直门桥地区就有大小交通标志近百个，而其中的禁行、禁左标志又弄得驾驶员云里雾里不知该去向何处。很多驾驶员尽管走了多次西直门，但还是容易转向，有些车需要走主路，有些车需要走辅路，还有些车需要走匝道，让人感觉非常混乱。当驾驶员看到如此“奇葩”的路牌时（见图 2-22），很难快速准确地看懂路牌信息，一不留神就会走错路。这样的路牌无法起到应有的行车指示作用，而类似这样的由于交通标志牌不清晰引发的拥堵和走错路等情况并不少见。

图 2-22 “奇葩”的路牌

如果在狭窄的视野中存在大量的相似信号，就会增加用户的分辨处理负荷和心理压力，容易出错。

从下面这个西直门桥路牌可以看到（见图 2-23），路口位置指示牌上出现了三处关于“官园桥”的相似信息。当驾驶员驾车快速通过此路口时，视野范围内是无法同时看清这三处信息的，就会产生视觉遗漏和心理压力。

图 2-23　不合理的交通指示牌

交通指示标志作为城市交通服务产品，其提供给驾驶员的信息应该清晰明了、易于理解，这直接关系到它的指示功能的发挥。交通标志牌的出色设计，将使交通更加通畅，尤其是一些市内交通心脏地带，面对车流量大、道路复杂的路况，标志牌就更加重要。城市交通出行的顺畅性、安全性、舒适性是市民出行的愿望和追求，产品设计师就要为用户们提供优良的交通标示牌。

因此，设计师在设计公路上的一些指示标志时，就要考虑到驾驶员的视度范围，要根据人眼视度和汽车速度测算出放置指示标志的位置，保证这些指示标志能够适时出现在司机的视度范围之内，让驾驶员有充足的反应时间。

（3）视觉阈值范围

视觉阈限是一个范围。刚刚能引起视觉感觉的最小刺激强度叫作绝对视觉阈限，也就是下限，表示的是视觉的绝对感受性；能够忍受的视觉刺激的最大强度为上限。上限和下限之间的刺激范围都是可以引起视觉的范围。能觉察到的视觉刺激强度越小，表示感受性越高。相反，低于视觉阈值范围，则无法使人们感受到视觉刺激。图 2-24 所示为低于视觉阈值范围的界面。

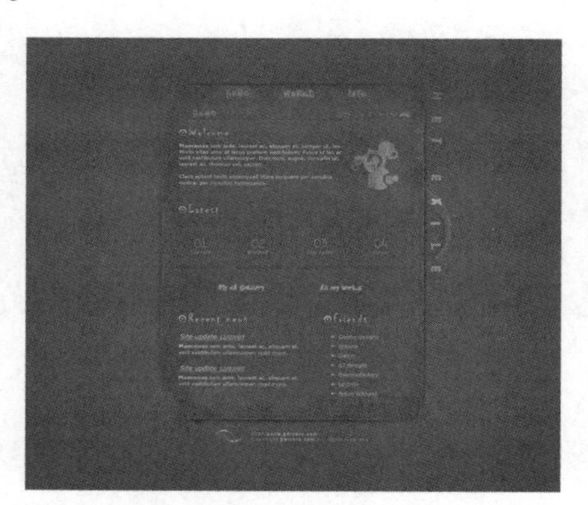

图 2-24 低于视觉阈值范围的界面

通常，视阈分辨照度在 10^{-2}~105lx（也就是从月夜到白天阳光直射地面的照度）。其中，最适宜人眼的照度范围在 300~750lx。如果视觉信息的刺激低于视觉阈值，用户会在心理上感到压力和紧张，就会出错。

例如，人们在雾天开车出行时，常会遇到这种情况（见图 2-25），照度低于视觉阈值范围。普通汽车前大灯的夜间照射范围只有 70m 远，再远的距离驾驶员就看不清了。所以设计师为汽车配置了夜视辅助系统，依靠这个设计，驾驶员的视力范围可达到210m，增加了夜间行车的安全性。

图 2-25　低于视觉阈值范围的场景

（4）视距识别

视距是指在车辆正常行驶中，驾驶员从正常驾驶位置能连续看到公路前方行车道范围内路面上一定高度的障碍物，或者看到公路前方交通设施、路面标线的最远距离。

正常人的一般可视距离为400m，对应的户外字符尺寸人机学参数：字符的尺寸 = 视距 / 250。例如，如果户外标志牌距离在50m，字体识别尺寸应该设计为0.2m；如果户外标志牌距离在400m，字体识别尺寸应该设计为1.6m。

例如，北京西直门桥原路牌红色禁行标志下面的一行“7:00-20:00”字体太小（见图2-26），明显不符合可视距离对字符尺寸的要求。驾驶员离得太远无法看清字体，而等开到近处看清标牌上的这一信息后，又来不及改变路线。因此，这就大大增加了驾驶员违反交通规则的概率。

图 2-26　识别不清的禁行标牌

改进后的标牌指示符合可视距离对字符尺寸的要求，字体变大，并用前进色黄色作为底色，使视觉信息更加清晰，便于驾驶员识别和辨认（见图 2-27）。

图 2-27　改进后的标牌

视觉行为的过程

人眼通过视网膜将光信号转换成视神经信号，传递给大脑，形成视觉，这是视觉第一次加工。

视觉行为的过程：搜索—发现—区别—确认。

视觉知觉通过“搜索—发现—区别—确认”四个步骤完成对产品视觉信息的第二次加工。图 2-28 所示为视觉行为过程。

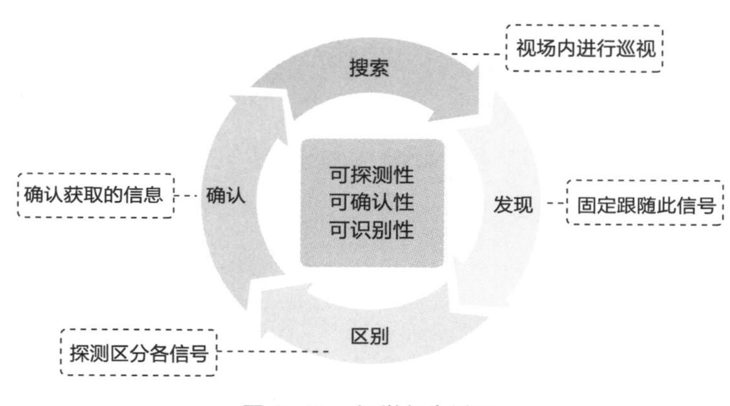

图 2-28 视觉行为过程

（1）搜索

搜索是指视觉知觉按照期待的线索在视场内巡视。在复杂情况下，用户会形成一定的视觉搜索策略，如果用户期待的寻找线索和策略失败，就会感到紧张。

视觉焦点在画面中的位置很重要，不同位置的视觉焦点会带给人们不同的心理感受（见图 2-29）。焦点在视线的作用中具有求心的紧张性，因此，焦点在视觉中心位置时最能吸引人们的注意力。

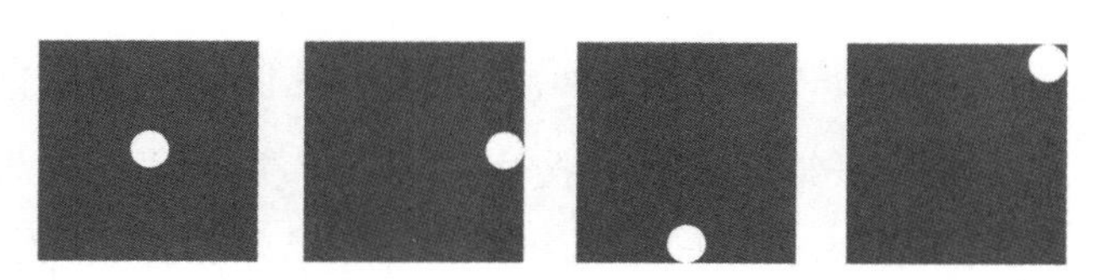

图 2-29 不同位置的视觉焦点会带给人们不同的心理感受

以界面设计为例，当需要用户去重点关注某一个界面信息的时候，设计师一定要把重点信息放到界面的视觉中心部分，这样用户才能够第一时间看到，及时做出反应和操作（见图 2-30）。相反，如果设计师把重点信息放到了界面视觉中心之外，那么就很难引导用户第一时间看到信息，用户可能需要花很长时间才能搜索到，这就会消耗用户大量精力和体力，使得用户体验非常差。因此，设计师需要去了解用户视觉搜索特点，把用户希望通过视觉搜索第一时间捕捉到的信息放到产品界面恰当的位置，简洁的图案与造型更便于人们理解产品的性质，更容易加深记忆。

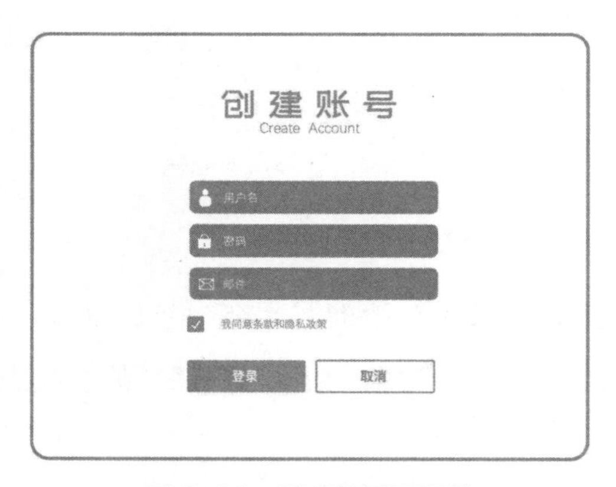

图 2-30 清晰的界面设计

当然，关于巧妙利用用户视觉知觉特点进行的设计案例中也有反其道而行之的，如密室逃脱游戏的场景设计。在这样的场景设计中，设计师要故意设置视觉障碍，使其提供给用户的视觉信息模糊晦涩，需要用户在视域范围内更加仔细地观察、搜索、寻找，并运用逆向思维进行分析。在密室逃脱这种特殊的应用环境中，通过干扰视觉增加用户视搜索发现的难度，使用户产生一种紧张感，激起用户的探索欲望，从而更加努力地去观察并发现一些蛛丝马迹，体验到游戏的乐趣，这正是设计师想要达到的设计效果。

（2）发现

发现是指当视觉探测到的刺激信号与预测的基本一致时，视觉就会固定跟随此视觉信号。视觉发现的基本条件是在干扰情况下，信息的刺激不低于视觉阈值。如果不能及时发现目标，用户会感到压力和紧张，就会明显增加用户认知负荷。

视觉知觉的三分法则

人们的目光总是自然地落在一幅画面三分之二处的位置上（见图 2-31）。所以，设计师要尽量使重要信息位于画面三等分线的焦点上，效果会比位于中心位置更好。在产品设计过程中，将较为重要的元素放置在三分之二处，可以让用户能够更快更直观地看到设计师想要展示的东西。三分法则的运用如图 2-32 所示。

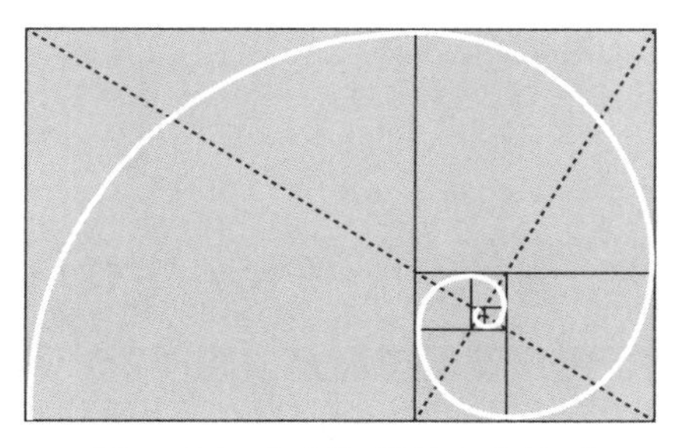

图 2-31　视觉知觉的三分法则

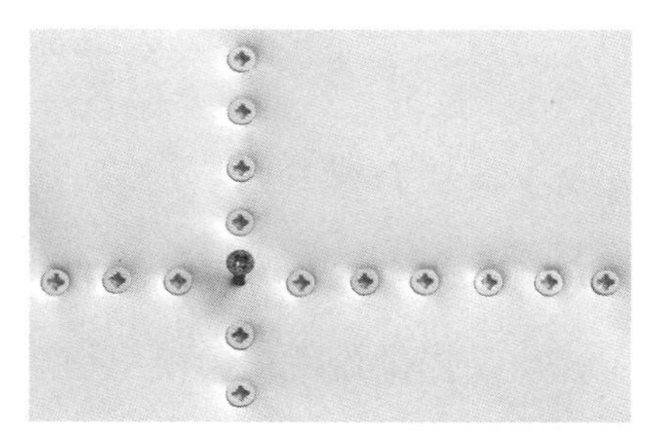

图 2-32　三分法则的运用

（3）区别

当人们发现几个相似的刺激信号时，需要通过视觉进一步探测区分各个信号的细节。如果存在大量相似信号，就会增加用户的分辨处理负荷。

例如，屏幕上的图标菜单数量不要过多，最好为 7 ± 2 个。如果超出这个范围，就会显得界面信息非常庞杂，大量的相似信号会增加用户的分辨处理负荷。图 2-33 所示为信息庞杂的菜单图标界面。

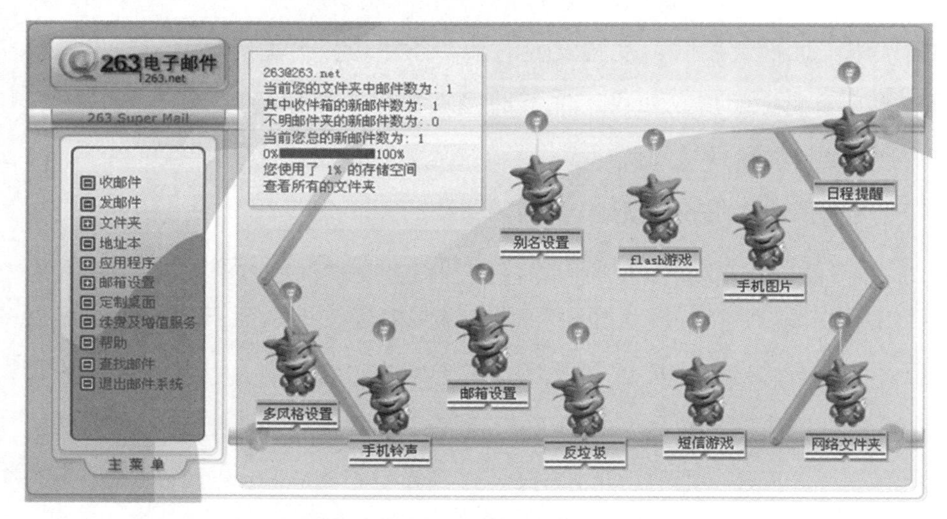

图 2-33　信息庞杂的菜单图标界面

（4）确认

人们通过视觉最终确认获取的信息正是所需的。在视觉二次加工过程中，产品提供给用户的视觉信息对于用户使用产品至关重要。产品视觉信息只有具有“可探测、可确认、可识别”的特点，才能便于视觉识别，进而产生使用产品时的心理愉悦。

例如，图标设计应该取自用户的视觉经验，使用户无须反复学习就能直接确认。图 2-34 所示为符合用户视觉经验的图标设计。

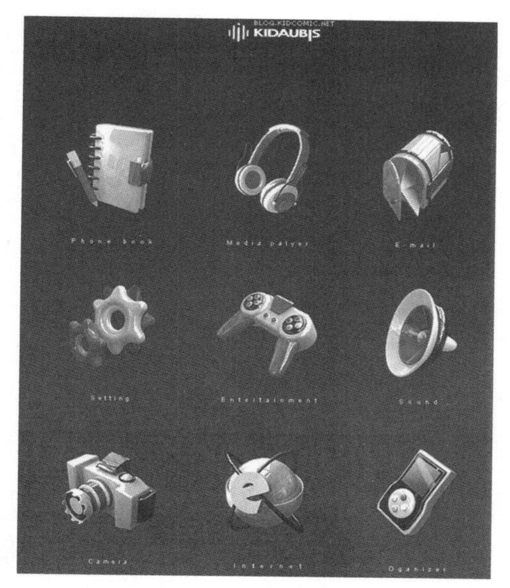

图 2-34 符合用户视觉经验的图标设计

人的视觉局限对视觉行为效果和心理感受有很大影响。人与机器人不同，对于机器人或者人工智能产品而言，只要出现在其扫描范围内的信息，其都能够通过技术反馈出来。而人的视觉行为有局限性，人眼是有视域范围的，如果超出人的视域范围，人眼在第一时间是无法捕捉到视觉信息的，就会影响用户对产品的识别、判断和评价。

视觉心理的特点

色彩影响视觉行为

明亮的颜色比昏暗的颜色更容易被眼睛识别，不同的颜色能引起人们不同的情绪和心理特征。

例如，将交通指示灯与可见光（红橙黄绿青蓝紫光）相结合进行设计，充分利用了视觉对于不同光波接收速度不同的生理和心理特点。红光的波长很长，穿透空气的能力强，而且比其他信号更引人注意，所以用来作为禁止通行的信号。绿光的波长较短，穿透空气的能力弱，人眼接收绿光波时间有延迟，这一特点正适合作为通行信号。黄光的波长适中，穿透空气的能力适中，所以用来作为警示信号。

相对速度影响视觉范围

一般来说，在静止状态下，人的双眼视野可达 210° ；在快速移动时，随着速度的不断增加，人们的双眼视野度数逐渐减小。

当人的眼睛平行注视前方物体时，由眼底视心窝的视细胞发挥视觉功能，被称为“中心视力”。一般来说，人们的单视能达到上侧约 50° ，下侧约 70° ，内侧约 60° ，外侧约 90° 的范围，而双眼的视野可达 160° 。如果双眼的视野范围达不到这个水平，就称为“视野变窄”。

例如，当驾驶员驾驶车辆高速行驶时，则会出现视野变窄的现象。图 2-35 所示为车速和视野的关系。

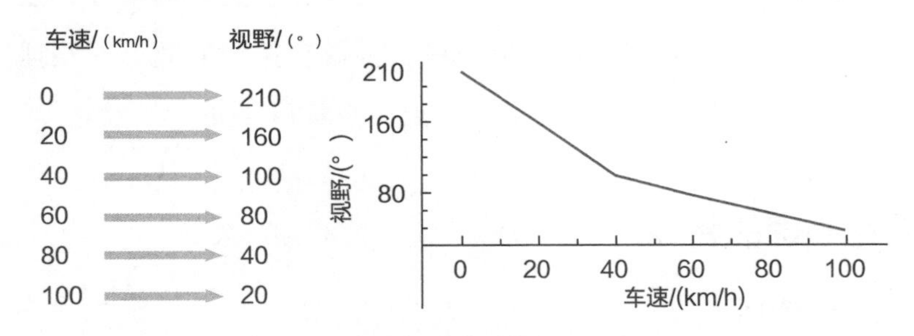

图 2-35　车速和视野的关系

驾驶员行车速度越快，视野则越窄，这种现象被称为“隧道视”。驾驶员在行车中高速行驶，视野将随之变窄，不能看清靠近路边的标志、景物信息等，不能及时发现意外出现的情况，更无法做出正确的判断，很容易导致交通事故的发生。

视野障碍影响视觉行为

视野障碍是指阻碍驾驶员视线的物体。被视野障碍阻挡住而使驾驶员看不见的区域，称为汽车的视野盲区简称汽车盲区。

案例 6　针对汽车盲区的设计

每年交通事故引发的伤亡对国家利益和人民生命损害很大，其中侧面碰撞事故引发的伤亡人数最多！ 侧面碰撞事故高发的原因，除了司机疲劳驾驶、酒后驾驶、不规范操作等原因外，汽车设计本身也存在着隐患——即汽车盲区问题。

汽车盲区分为前盲区、AB 柱盲区、后视镜盲区、后盲区等。图 2-36 所示为汽车盲区分布。

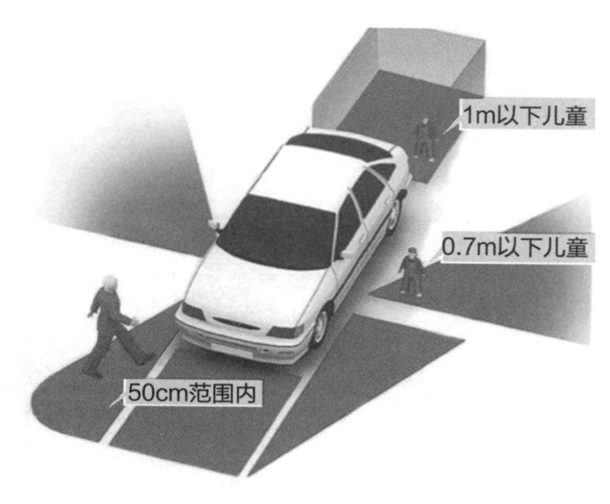

图 2-36　汽车盲区分布

- 前盲区：发动机盖车头前面看不到的地方，俗称前盲区。
- AB 柱盲区：车风窗玻璃前两侧的 A 柱所产生的盲区，称为 A 柱盲区。如果 A 柱较宽就会遮挡视线，盲区就大；如果 A 柱较窄，盲区就小。B 柱盲区主要是在车身的右侧，当车辆行驶中需要大角度拐到外侧时，B 柱会将前方视线遮住。
- 后视镜盲区：车辆两边的后视镜不能看到车身两侧的区域，称后视镜盲区。也就是说，车辆的后视镜不能完全收集到车身周围的全部信息，容易与后方来往车辆发生剐蹭。
- 后盲区：车辆后风窗玻璃下的盲区，称后盲区。即从后车门开始，向外侧展开大约 30° 的区域在反光镜的视界以外。

由于大量汽车盲区的存在造成车辆碰撞事故高发，因此，汽车盲区问题一定要引起高度重视！

以汽车的 A 柱盲区为例，由于国内车辆的驾驶座在左侧，A 柱对左侧视线影响更大，相比右侧形成盲区的角度会更宽一些。一般情况下，车辆 A 柱宽度为 8cm 左右（过细的 A 柱会导致车身强度不足），车辆 A 柱给驾驶员造成的左侧盲区域的夹角有 6.8° 、右侧盲区有 2.3° （见图 2-37）。

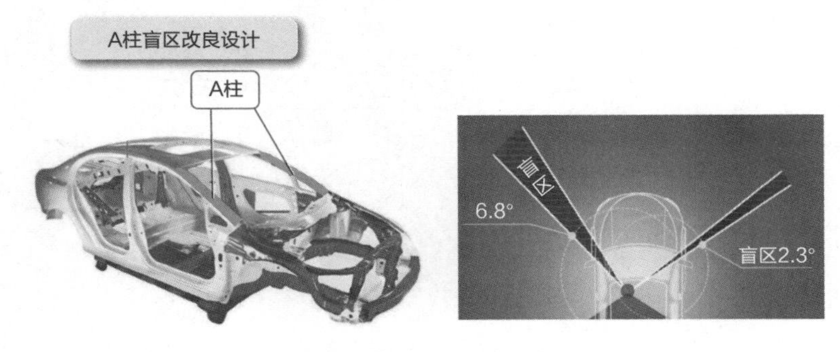

图 2-37　汽车 A 柱盲区

如果距离凑巧，A 柱盲区极有可能挡住左边的行人，甚至车辆（见图 2–38）。停车时，驾驶员视线范围可达 210° 左右，但随着车速递增，驾驶员视角随之缩小，盲区对驾驶员视物的影响就越大。

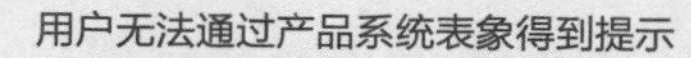

图 2–38　汽车盲区的危害

通过对汽车 A 柱盲区的分析，我们可以明确，在汽车设计过程中需要充分考虑驾驶员的视觉行为特点和需求，赋予驾驶员有目的、有预测、有经验的操作信息。

既然已经发现了汽车 A 柱盲区问题，那么如何通过设计解决呢？

路虎汽车曾提出了“透明 A 柱”（见图 2–39）的设计理念，它既保持了传统 A 柱的牢固性，又能让驾驶员清晰地穿透 A 柱看清路况。因为它采用了现实增强技术（AR），在 A 柱内部安装显示屏，而外部则安放了摄像头，通过将摄像头画面传输到 A 柱内部，最终实现了 A 柱部分的“透明”化。该技术还能通过车联网将附近的公共设施信息投影到风窗玻璃上，例如附近的剩余停车位、加油站的油价、信号灯的状态等。这是目前减少 A 柱盲区最有效的做法。

图 2-39　改进后的汽车 A 柱盲区设计

通过以上对用户知觉行为分析可以看出，用户知觉行为由于受生理性所限，无法对其突破。因此，设计师设计产品时需要为用户提供有目的、有预测、有经验的操作信息，这些操作信息全部需要通过产品系统表象呈现。

2.4　用户知觉行为与系统表象

设计师、用户与产品系统

设计师、用户、产品系统三者之间包含三个模型：设计模型、用户模型、系统表象。

设计模型是指设计师所使用的概念模型。设计模型决定了产品的操作方法是否易学易用。

用户模型是指用户在系统交互作用的过程中形成的概念模型。用户模型实际上就是用户的思维方式和他的行为方式。用户模型决定了用户对产品的理解和操作方式。

系统表象是指产品外在提供给用户使用信息的组合。用户使用产品需要依靠系统表象的提示和限制（包括用户使用手册和各种标示）。设计师应该保证产品能够反映出正确的系统表象，用户所获得的有关产品的全部知识信息都来自系统表象。

用户、设计师和系统表象之间的关系

设计模型是设计师对于产品操作方式的一种设定，是设计师的意愿表达。用户模型是指用户理解和掌握产品的使用模式，受到用户的生理、心理、知识程度、文化背景、使用环境以及非正常状态下的各种因素影响。实际情况中，用户模型和设计模型常常会产生一些理解上的差异。为了更好地实现设计师与用户的交流互动，系统表象作为中间一个非常重要的载体，其传达出来的信息准确与否决定了设计师和用户之间是否能够协调一致。

可以说，系统表象是设计师和用户之间最为核心的一个信息载体，相当于在用户和设计师之间搭了一个桥。因为设计师和用户之间无法直接对话，就需要通过系统表象来搭桥，因此，这个桥应该是双向的，使得双方虽然无法见面，但是可以进行间接沟通。

用户知觉模型

用户知觉模型是关于用户知觉的知识框架。

用户知觉模型包括：用户的知觉愿望、使用对象、使用场合、使用方式、知觉能力、知觉过程、知觉习惯、知觉预测、非常态下可能出现的知觉活动、价值观念、符号理解、交流方式等。

用户理解产品非常重要的一个途径就是依靠知觉模型，知觉模型的目的是理解用户的知觉信息，在设计过程中为用户提供满意的操作条件和有利条件。

熟悉度偏见

熟悉度偏见是指人们更倾向于相信自己熟悉的事物。人们自然而然会偏向其熟悉的事物，喜欢和信任他们所知道的，害怕因变化而产生的不舒服。这就解释了为什么有些人使用久了一款产品之后会继续使用该款产品，哪怕其用户体验并没有迭代后的产品好。这种熟悉度偏见原理引用到产品设计中后，就体现为最好的新产品都是用最熟悉的模式。通过熟悉度偏见，可以减少产品被用户接受的时间，更快更好地抓住用户的心理，从而赢得用户，最终使用户：

从审美上感到：物易我情（符合用户的审美心理）。

从感知上感到：物易我知（符合用户的知觉心理）。

从认知上感到：物易我想（符合用户的认知心理）。

从操作上感到：物易我用（符合用户的操作动作特征）。

作为产品设计师，服务对象就是“用户”。产品设计心理学就是从心理学的角度出发，指导设计师“以人为本”地为“用户”设计易于使用的、令人愉悦的“产品”。要想成为优秀的产品设计师，必须熟谙用户心理，才能设计出好的产品。要熟谙用户心理，就要通过研究用户知觉行为，来了解用户需求和心理特点，然后通过良好产品系统表象设计，满足用户需求。图 2-40 所示为用户、设计师和产品三者的关系。

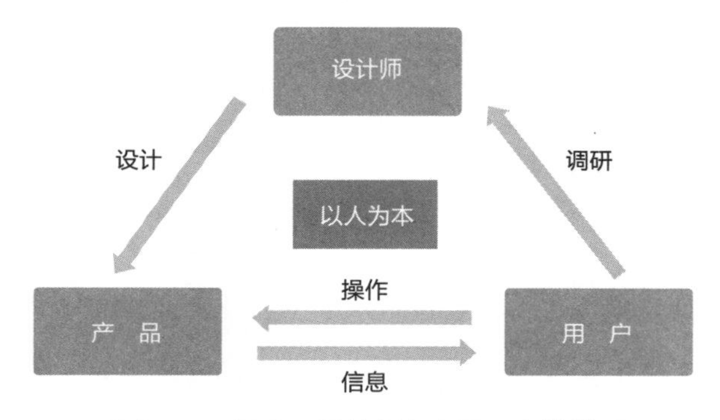

图 2-40 用户、设计师和产品三者的关系

设计师、用户、产品系统三者之间的关系是设计师通过设计产品的系统表象为用户提供使用信息，用户依靠信息对产品进行操作。

实际上，充分理解用户、设计师和系统表象三者之间的逻辑关系，就奠定了设计心理学一个重要的逻辑基础，即通过更充分地理解用户的所思所想，用专业的设计心理学方法帮助用户实现需求。设计师可以从用户的“知觉行为”与产品的“系统表象”两方面进行深入分析，找到相关产品存在的问题与设计心理学相关机制，进而找到解决设计问题的办法。基于这样的关系，需要设计师在用户调研方面有一个反馈机制。通过用户调研，能够及时得到需要优化和改良的部分，然后在进一步的产品升级换代过程中进行优化，这是设计过程中一个非常重要的过程。

系统表象的重要作用

（1）用户需要依靠产品系统表象的提示和限制

产品系统表象对于用户的作用：用户使用产品时并不完全依赖于头脑中的记忆信息，而是依靠系统表象的提示和限制。用户在使用产品过程中需要不断依赖系统表象的提示和限制来完成操控。

案例 7　夜视系统设计

驾驶员在驾驶车辆过程中，汽车的系统表象提供给驾驶员的产品信息应该具有可探测性、可确认性、可识别性这三点特性。以汽车的夜视系统设计为例，说明具有以上特性的系统表象对于用户正确操作的重要作用。由于用户视觉行为对可见光的分辨率和视野范围的照度存在生理局限性，给用户夜间驾驶带来极大困难。据统计，夜间行车在整个公路交通中只占四分之一，但有 70% 的交通事故却是在夜间发生的。普通汽车近光灯的照射范围只有 60m 远，所有光线没有直接照射到的地方，驾驶员都很难看清楚，甚至根本看不见。

汽车车载夜视辅助系统属于汽车主动安全设备，能提高汽车在特殊天气情况下行驶的安全性（见图 2-41）。

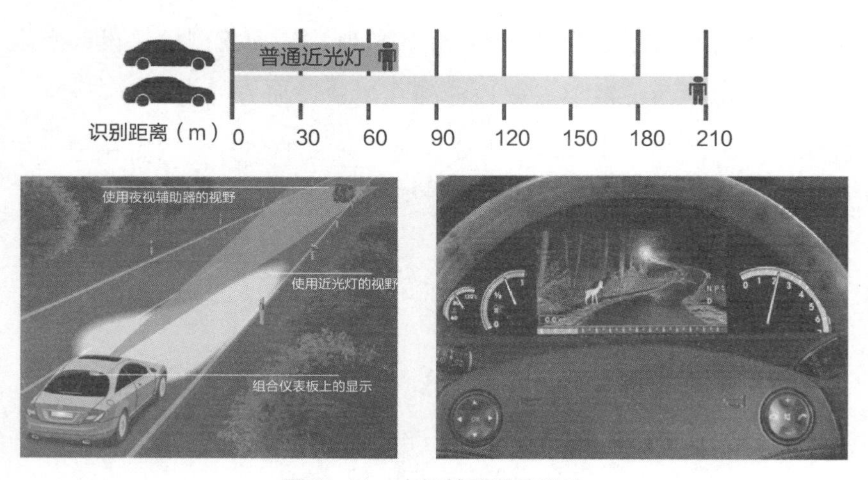

图 2-41　夜视辅助系统设计

夜视辅助系统由两部分组成：一部分是红外线摄像机，另一部分是显示系统。汽车的夜视辅助系统设计是利用红外线技术将黑暗变得如同白昼，使驾驶员在黑夜里看得更远更清楚。图 2-42 所示为夜视辅助系统原理。

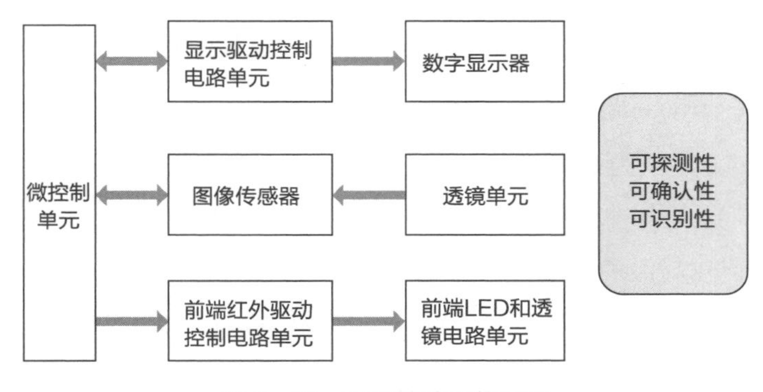

图 2-42 夜视辅助系统原理

通过汽车的夜视辅助系统设计案例分析，说明产品系统表象可探测性、可确认性、可识别性的重要性，弥补了用户视觉行为的生理局限性，对于用户正确操作起到重要作用。

（2）良好的系统表象有助于用户理解操作

系统表象是用户使用产品的关键，良好的系统表象能够正确引导用户的知觉行为。用户带着使用目的面对产品的系统表象，通常会提出 6 个问题，而产品良好系统表象的标准就是用户能够通过系统表象得到这 6 个问题的准确答案。

第一个问题：操作步骤是什么？

第二个问题：需要我做什么？

第三个问题：我应该怎么做？

第四个问题：我做好了吗？

第五个问题：出了什么事？

第六个问题：事情解决了吗？

其中，前三个问题是用户对于系统表象的“前馈性问题”，用于执行操作。而后三个问题是系统表象对于用户的“反馈性问题”，用于评估结果。图 2-43 所示为系统表象“前馈性问题”和“反馈性问题”。

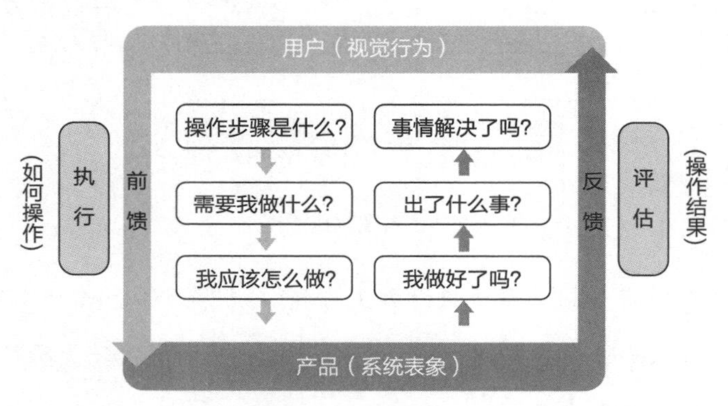

图 2-43 系统表象“前馈性问题”和“反馈性问题”

用户只有通过系统表象得到以上 6 个问题的准确答案，形成一个闭合的逻辑通路，才能说明这是一个良好的易于用户使用的产品系统表象。

了解用户的视觉行为特点、生理局限性和在出错方面的心理机制，实际上都是在客观了解用户特点，这样才能更好地为用户进行设计服务。产品可以通过可视化设计和防差错设计来帮助用户在使用产品过程中减少出错，有更好的使用体验，这些都是要依靠系统表象来加以实现的。系统表象实际上就是产品和用户交互的界面，是向用户传递信息的渠道。

案例 8　汽车发动机舱差错预防机制设计

汽车的仪表盘设计，实际上就是大量系统表象的一个呈现。例如汽车仪表盘上有一个像小扇子一样的标识，这个标识如果闪烁，意味着什么呢？意味着汽车需要加玻璃水了。接下来，当用户拿着玻璃水准备往汽车的某一个容器里加注的时候，如何能够准确地找到加玻璃水的水箱？这个过程用户如何准确无误地操作？这就涉及可视化设计和防差错设计的应用。图 2–44 所示为汽车发动机舱差错预防机制设计。

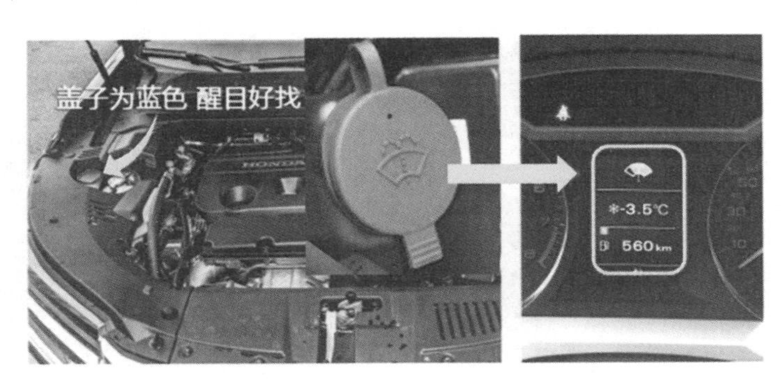

设计额外的视觉差错预防机制，避免用户发生失误。

图 2–44　汽车发动机舱差错预防机制设计

首先，当用户拿到了玻璃水，打开汽车发动机舱盖，可以看到里面有很多的零部件，那么到底哪里是加玻璃水的？这对用户来说是第一个困难，尤其对于非汽车维修人员来讲，这里面的众多零部件看起来令人眼花缭乱，要准确找到加玻璃水的位置，就需要一些可视化的信息提示。玻璃水是蓝色的，用户首先会有一个相似的视觉信息归纳，在蓝颜色视觉信息的提示下，用户在发动机舱盖处进行视觉搜索，会无意识地寻找和蓝色相关的容器，这就是人大脑的一种视觉经验反馈。当用户发现确实有一个蓝色盖子的容器后，是不是就可以直接倒进玻璃水了？这个时候，用户虽然通过视觉色彩的可视化找到了玻璃水和蓝色盖子两者之间的关联，但是为防止出错，还是要进一步确认。接下来的确认环节就是用户看到了蓝色盖子上有一个标识，而这个标识恰好和汽车仪表盘上加玻璃水的标识是完全一致的。这两个图形完全一致，就意味着它确实是用户要找的玻璃水容器，这时候用户确认无误了。图 2-45 所示为汽车加玻璃水过程中的“前馈性问题”和“反馈性问题”。

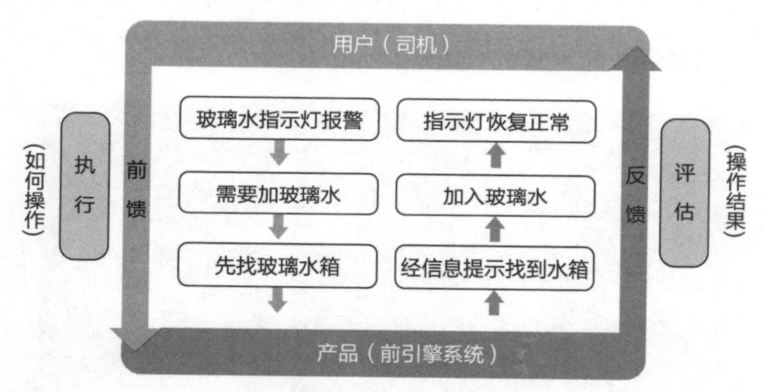

图 2-45　汽车加玻璃水过程中的“前馈性问题”和“反馈性问题”

在这个案例中，当汽车仪表盘指示灯提示需要添加玻璃水时，用户需要首先打开发动机舱盖，发动机舱内部有很多容器，分别是加机油、加防冻液、加玻璃水等的容器，容易发生操作失误。为了避免用户操作失误，发动机舱中将玻璃水容器的盖子设计成与玻璃水相同的蓝颜色，同时盖子上面设计了玻璃水的标示，醒目好找，便于用户操作。汽车发动机舱通过额外的差错预防机制设计，可以避免用户操作失误。

如果系统表象通过前馈和反馈，形成一个完整闭合的链条，那么这款产品就是一个易于用户使用的产品系统表象。

良好的产品系统表象设计是需要消除执行鸿沟和评估鸿沟的。

很多时候设计需要引导用户，而这种引导不是设计师在旁边发出提示，而是靠产品本身的设置。

例如，汽车设计时设置的报警声音提示，汽车发出的声音就会对用户形成听觉干扰，用户想要消除这个干扰，就需要采取措施，那么实际上这种听觉提醒和视觉提醒本质上是一样的，这就是设计心理学所起到的作用，它是一种引导性的设计。

用户操作产品时，希望一切与操作相关的东西都可以在自身知觉范围内，用户对于系统表象是前馈性问题（用于明确操作方法），系统表象对于用户是反馈性问题（用于明确操作结果）。因此，产品本身所包含的视觉、听觉、触觉等一系列对于用户的提醒就显得非常重要，需要符合可探测、可确认、可识别的要求。图 2-46 所示为产品系统表象的作用。

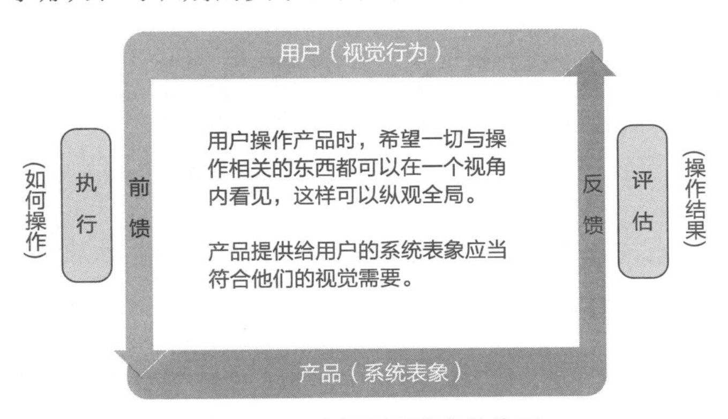

图 2-46　产品系统表象的作用

人的生理和心理都具有局限性，所以在产品设计时要允许用户出错，并以用户出错为前提进行设计，通过差错预防机制设计避免行为出错，弥补用户的局限性。在设计师通过设计帮助用户解决问题的过程中，系统表象就是一个中间的媒介，设计师通过系统表象来表达设计模型。设计模型是否能够被用户所接受，取决于用户的知觉特点，也就是用户知觉模型。

（3）良好的系统表象符合“三有三可”设计原则

通过对产品系统表象的分析可以看出，产品设计者给用户设计的知觉信息要有一定的质量，既要满足产品的三个要求：可探测性、可确认性、可识别性，又要实现用户的三个要求：有目的、有预测、有经验。图 2-47 所示为“三有三可”设计原则。

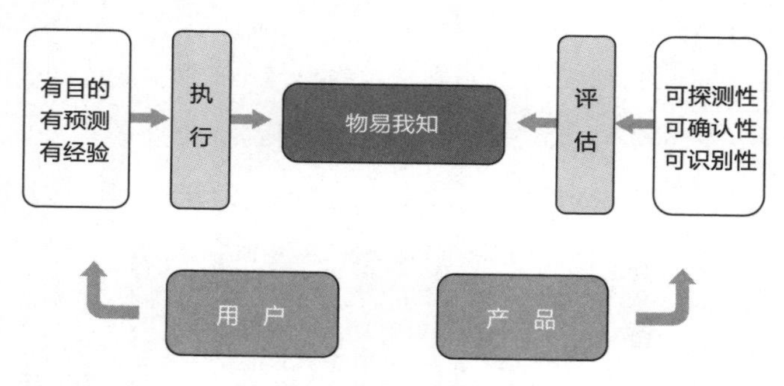

图 2-47 “三有三可”设计原则

了解用户的知觉特性，可以明确设计物与人的关系，以及人机界面的目的和方法，为用户提供对知觉和操作动作有利的操作条件，提供知觉和动作引导。设计的基本目的就是通过造型规划人与物的关系，给用户提供知行合一的条件。如果设计的系统表象和操作模式满足可探测性、可确认性、可识别性这些特征，就能使用户比较自如地形成知觉行动。只有做到“三有三可”，才能真正实现“物易我知”设计理想。

（4）借助良好的系统表象设计达到“物易我知”

设计的最高要求是给用户提供自然的知觉方式，也就是“物易我知”。

“物易我知”顾名思义就是产品易于用户操作，使用户在使用产品的时候，能够在执行层面有目的、有预测、有经验，而在评估阶段可探测、可确认、可识别。当遵循了“三有三可”的设计原则之后，产品就真正实现了“物易我知”的效果。所以，“物易我知”应该说是产品设计中最理想的状态。图 2-48 所示为“物易我知”设计原则。

人们在长期生活中学会了对各种事物的知觉，并且积累了大量的知觉经验，这也是设计的基本出发点。因此，产品给用户提供的信息应该是自然信息。

1）按照用户的愿望提供信息，不多也不少。

2）提供面向用户行动的信息，而不是面向机器的信息。

3）信息要符合用户的知识、经验和预测。

4）符合用户期望的知觉通道。

5）减少或不需要用户的知觉学习。

特别是针对日用产品进行设计时，更需要注重以上五点。

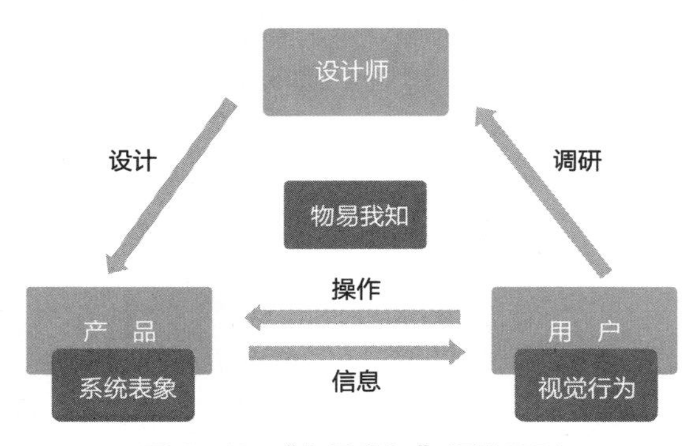

图 2-48 “物易我知”设计原则

日用产品的特点是什么？第一，日用产品出现在人们日常生活中的各个方面，范围广泛。第二，日用产品设计的最终目的是便于人们使用，给人们的生活增加便利。因此，这就要求日用产品设计要方便用户操作，易学易用，最大化降低用户在理解和使用上的障碍。

例如，现在手机上特别常用的美颜相机功能。以前没有这类产品时，人们想把一个人物形象拍得美，需要摄影师有非常高超的摄影技巧，摄影师要找不同角度的光线，调焦圈，调整一系列参数，拍摄需要的技术含量非常高。但是，现在人们运用相机美颜软件（见图 2-49），只需要很简单的操作，就能够很快实现人们想要的拍摄效果，因此，相机美颜软件一经推出就受到人们的欢迎，特别是年轻女孩子们。

图 2-49　美颜功能手机

用户在日用产品使用过程中，都是希望产品使用起来越方便越好，效果越直接越好，需要学习的内容越少越好。如何满足用户这方面的需求？这就是日用产品设计师要充分考虑的问题。虽然用户的知觉行为具有生理的局限性，但是产品设计却随着科技的发展具有无限可能。产品需要依靠系统表象设计的提升来更好地满足用户的使用需求。

（5）良好的系统表象设计帮助人们知行合一

什么是知行合一？

用户的知觉动作或者反映出来的一些操作与其认知是一致的，能够达到非常协调匹配的效果，这就是知行合一。如果认知和执行过程中出现了一些盲区，而这些盲区很多时候又是用户本身意识不到的，那就不会达到知行合一。

设计的基本目的就是通过造型规划人与物的关系，给用户提供知行合一的条件。了解用户的知觉特性可以明确设计物人关系和人机界面的目的和方法，为用户提供对知觉和操作动作有利的操作条件，提供知觉和动作引导。

20 世纪 60 年代到 80 年代初期，西方学者在设计人机界面时，认为人仅是机器的功能部件，把人的眼睛当作传感器，手的操作看成是机械装置的运转，一味地训练人们去适应机器的特性和操作要求，这是以机器为本的设计思想。20 世纪 80 年代后期，人们开始从心理学角度观察用户的操作特性，建立用户模型并应用于设计过程中。但这时人们往往只考虑正常状态下的心理特性、操作环境以及成功的操作过程，无形中把用户和环境都假设成为理想的状态。然而在实际操作过程中，用户时常处于非理性意识或情绪状态，如遗忘、注意力分散、出错等情况，无法正常完成任务。如何在设计过程中将这些因素考虑在内，使用户出现非理性操作时，系统能够提供相应的策略和合适的帮助？这是设计师需要积极思考的问题。

人类在技术方面取得的进步使得各种器物的功能与表现形式有了彻底的改变，同一物品能够赋予更强大的功能。但技术使产品的功能增多，简化了人们的生活，可同时又把产品变得难学难用，使人们的生活复杂化，这就是技术进步带来的矛盾。如何让高科技产品服务于人，而不是人从属于技术，这将是设计面临的新问题。

设计优秀的物品容易被人理解，因为它们给用户提供了操作方法上的线索；设计拙劣的物品使用起来则很难，因为它们不具备任何操作上的线索，或是给用户提供了一些错误的线索，使用户陷入困惑，破坏了正常的解释和理解过程。如果设计的操作考虑到了这些，就能使用户比较自如地形成技能行动。因此，设计师要从更宏观的角度去思考设计问题，而不仅从一个个具体微观操作层面进行设计。

系统表象是用户使用产品的关键环节。系统表象既是设计师传达其设计意图的载体，又是引导用户使用产品的媒介。系统表象是连接设计师与用户的桥梁，设计者通过系统表象传达设计意图。产品通过其系统表象将使用的线索提供给用户，引导用户使用产品。因此，只有做到“物易我知”，才能达到三者之间的完美协调，真正达到“知行合一”的设计目标。

综上，设计的根本出发点是“人”！虽然目前人工智能设计成为热潮，但我们必须明确，人工智能是由“人”设计的，是为“人”服务的，我们必须坚持以关心“人”为宗旨，设计创造“以人为本”的智能社会！

第三章

认知与认知行为

人的认知能力与人的认识过程是相互关联的，由于每个人的知觉能力、知识经验、价值观念和目的需求不同，造成理解和熟悉的知识范围差异很大。设计需要帮助用户对产品形成准确的认知和判断，使产品使用方式和用户认知模型达成共识，而不是刻意通过设计加大差异。用户对产品接受度的高低才是产品设计是否成功的一个很重要的评价依据。

3.1 认知

认知的特点

认知是什么

认知是指人们获得知识或应用知识的过程，是对所获取信息加工的过程。认知是人最基本的心理过程，包括感觉、知觉、记忆、思维、想象和语言等。大脑接收外界输入的信息，经过加工处理后，转换成内在的心理活动，进而支配人的行为，这个过程就是信息加工的过程，也就是认知过程。

认知能力是指大脑加工、存储和提取信息的能力，即一般所讲的观察力、记忆力、思维力、想象力等。人们认识客观世界并获得各种各样的知识，主要依赖于人的认知能力。大脑处理信息的方式和计算机是有区别的，人脑有创造力，而计算机没有（见图 3-1）。大脑还有其他功能，它们是综合发挥作用的，无法把每个功能单独分开。

人的认知能力与认识过程是相互关联的，人们对客观事物的感知（包括感觉、知觉）、思维（包括想象、联想、思考）等都是认识活动，可以说认知是人们认识过程的一种产物。认识过程是主观客观化的过程，即主观反映客观，使客观表现在主观中。

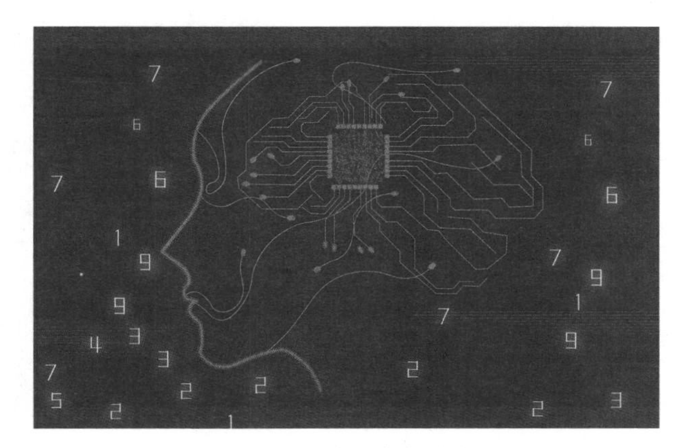

图 3-1 大脑有创造力

认知的四个特性

（1）认知的多维性

从不同角度观察同一事物会有不同的认识，而对事物完整认知的形成应该考虑其多维性。

例如，“盲人摸象”这个故事便是很好的范例（见图 3-2）。从前，有四个盲人，他们从来没有见过大象，不知道大象长什么样，因此

图 3-2 盲人摸象

决定去摸摸大象。第一个人摸到了鼻子，他说："大象像一条弯弯的管子。"第二个人摸到了尾巴，他说："大象像个细细的棍子。"第三个人摸到了身体，他说："大象像一堵墙。"第四个人摸到了腿，他说："大象像一根粗粗的柱子。""盲人摸象"的故事告诉我们，看事情要全面整体，不要分割开来。

（2）认知的联想性

人类的认知活动不仅是感觉知觉的活动，还与人的经验、理解能力等有关，其中包含个体的想象和思维成分，并且渗入了情感因素。

（3）认知的整合性

个体最终表现出对某一事物的整体认知或认识，往往是整合了有关感知、记忆、思维、理解、判断等心理过程之后获得的。

（4）认知的发展性

认知活动与一个人的知识结构、文化程度和所处社会文化环境等因素相关，人的认知功能有其历史性或发展性的特点。认知活动与一个人的知识发展水平有关，因此认知是不断发展改变的。

认知的非理性

认知的非理性是指认知主体心理结构上的本能意识和在认知过程中出现的非逻辑思维形式，包括认知主体的情感、意志、欲望、动机、信念、习惯等本能意识形式，以及以非逻辑形式出现的幻想、想象、直觉、灵感和顿悟等。

在认知科学里，大脑的"非理性"常被称为认知偏差（cognitive

bias），也称认知偏误、认知偏见，指人们主观的认知与外在客观现象的差异所产生的特定模式的判断偏见。认知偏差可能导致感知失真、判断失误等各种非理性的结果。

知觉的非理性

由于每个人的知觉能力、知识经验、价值观念和目的需求不同，造成理解和熟悉的知识范围差异很大。在有目的的行动中，知觉的作用是感知与目的相关的信息。

以视觉知觉为例。在视觉形成过程中，人眼功能与照相机有很多相似点，也有不同之处。有一种相机能固定快门优先曝光自动对焦，人眼和这类相机的结构功能基本一致，有镜头系统、测光调节系统、感光材料系统和其他相应的附件（见图 3-3、图 3-4）。其中，光学系统：眼球相当于镜头，瞳孔相当于光圈；调节系统：大脑支配的测光系统、眼部调节肌相当于相机的电子测光系统、自动光圈系统和自动对焦系统；感光系统：眼底相当于胶片或数码机的 CCD（电荷耦合器件）、CMOS（互补金属氧化物半导体）；附件：眼皮相当于镜头盖。

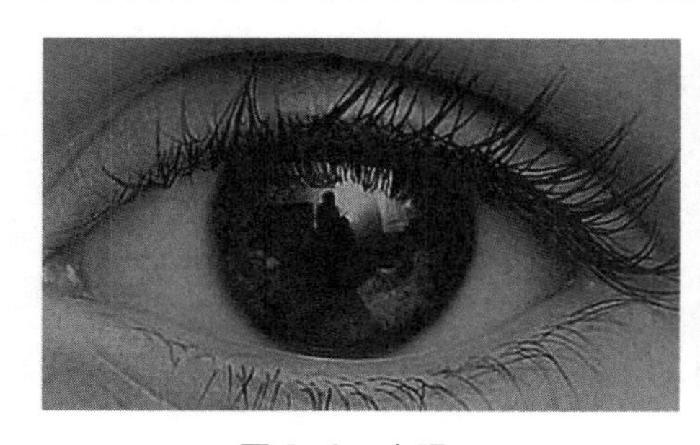

图 3-3　人眼

图 3-4　照相机

看起来人眼功能与照相机非常相似，但是在视觉形成的整个过程中，人眼功能与照相机的差异性很大。神经生物学上把眼睛称作“外围脑”，如果把眼睛“拍照”的过程看成一个整体，那么大脑就是眼睛这个照相机的处理器。人的视觉形成是靠眼睛这样一个三流的镜头和超一流的大脑处理器共同完成的。

例如，视觉的恒常性。拿相机在不同距离拍摄同一个物体，拍出来物体的大小是有差异的。但是用眼睛看 5m 远和 15m 远的同一个物体，在大小的视觉上几乎没有差异，因为大脑会自动调节。

又如，因为人眼是双眼成像，再加上“脑补”，所以人眼没有畸变。晶状体的进化也基本抹除了球差，人眼存在比较明显的色差也被大脑这个强劲的“机内处理器”给“脑补”掉了。而相机镜头几乎没有办法避免各种像差的影响。所以，在相同的广角视野上，人眼有着无可比拟的性能优势。

人眼更具特色的地方是，眼睛处理视觉画面的方式取决于大脑对场景自动产生的兴趣区域。人眼会根据兴趣来关注重点视觉区域，视觉只是人们思维的起点，看同一个场景，每一个人都会产生不同的感觉和知觉，这种知觉具有非理性和不确定性。这就意味着，设计师为用户知觉感受设计的产品不一定能够被用户完全感知和理解。

思维方式的非理性

由于意志、情绪、想象等非理性因素产生的目的动机，导致学习者的思维过程、思维方式有很大不同；其不稳定性、跳跃性、易忘性等特点，也容易造成思维决策态度、节奏的差异。

在认知过程中，人们并不总是运用推理的逻辑方式解决生活中遇到的问题。人们的大脑中有一个部位叫作“记忆池”。这个池子里放着每个人过往所有积累的经验、习惯和知识，当遇到一件事的时候，人们往往会第一时间习惯性开启非理性思维，从这个记忆池里抽取过往的经验、习惯和知识去处理。

每个人都有特定的思维方式、思维经验和认知风格。有些人认为很容易理解的问题，对另外一些人可能就非常难理解，反之亦然。

例如：认路牌（见图 3-5）。路牌上的锦江路、兴国路、油山路、九曲河路的准确位置如何判断？对于方向感不强的人来说简直是个谜。

图 3-5 路牌

概念模型的非理性

用户模型包括学习模型、行动模型、认知模型和出错模型。非理性用户模型是指把人的非理性因素及非正常环境状态考虑在内所建立的用户模型。人们通过若干方式建立概念模型，形成概念模型的条件不同，对概念的理解可能也不相同。设计师不要认为设计的一个产品、一个图标、一个操作，对于用户一定具有唯一标准的含义理解。

例如，XX（女厕）和 XY（男厕）（见图 3-6）。上厕所还得懂生物遗传学、染色体，这个厕所只能听天由命随机进了。

图 3-6　XX（女厕）和 XY（男厕）

有意识行为和无意识行为

有意识行为

有意识行为更多是要调动人们储存在大脑的主观经验，对有意识行为需求越强烈，说明需要调动的就越多。

有意识行为首先考虑某种方法，然后再进行比较和解释。有意识思维进展缓慢，并且按照一定的步骤有次序地展开，它主要靠短时记忆，因此只能处理有限的信息量。而人们利用对信息的重组能力，借助理解和解释，克服了工作记忆量小的问题，使储存在有意识记忆中的信息量激增。但是，当人们把目前的情况与储存在记忆中的过去经验进行不恰当的匹配时，错误就会产生。

用户希望使用日用产品时能尽可能少地去占用大脑内存，减少用户有意识行为，最好是能够仅通过用户的一些习惯性行为或者无意识行为就可以解决。

无意识行为

无意识行为是人类的一大优点，是基于之前某种经验的一个长期重复和积累，并储存在人们大脑当中。无意识不是特别活跃的意识，更多时候是隐身的。然而这并不等同于它不存在，它更多时候是在人们日常生活中起到潜移默化的作用。

无意识行为善于发现事物发展的总趋势，善于辨识新旧经验之间的关系，善于概括并能根据少数几个事例推断出一般规律。无意识行为是对于事物发展的总体规律的把握，也就是通过生活积累的大量经验对趋势作出判断，而这种判断有的时候是一种无意识的，或者是潜意识的。无意识的活动速度很快，而且是自动进行的，无须做出任何努力。无意识思维是一种模式匹配过程，它总是在过去的经验中寻找与目前情况最接近的模式。当产品没有任何线索可以提供时，用户会调动以前的一些经验，寻找最相近的经验去操作。

例如，我们经常会在十字路口或者岔路口进行选择（见图 3-7）。在路口选择的时候，到底是往左走还是往右走？当我们没有一个特别确切的判断依据的时候，感觉往左走似乎有道理，往右走似乎也有道理。面临选择的时候，我们无法从有意识的判断中得到答案，就会凭感觉走，这个时候其实就是一种无意识行为。

图 3-7 向左走？还是向右走？

从主观上来讲，这种判断可能没有一个确切的依据，或者没有一种确切的主观意识行为的体现，其实就是无意识行为表现出来的。

无意识也有不足之处，有时会建立起不恰当的，甚至是错误的匹配关系。例如，电梯呼救报警按钮的位置、颜色、醒目程度一定要非常明显，便于用户去触碰。当用户在非常紧急的情况下，无意识行为会驱使用户去做一个动作，或者去操控一个按钮，如果这个按钮和其他的按钮很相似，或者紧急制动按钮距离用户很远，那么用户在无意识中也没有办法操作。

图 3-8　位置很高的呼救报警按钮

例如，图 3-8 所示的电梯按键面板上的呼救报警按钮是以正常成年人的身高尺寸来设定的，对于孩子或坐轮椅的人来说，按钮位置太高，在出现紧急情况时，很有可能无法被他们触碰到。

在上述这些情况下，如果在电梯里出现了紧急问题，用户能否在第一时间触碰到这个按钮？这些都是需要设计师深入思考的。

认知策略

认知策略是指导认知活动的计划、方案、技巧或窍门。用户认知策略是设计创新研究的重点。认知策略的基本功能有两个方面：一是对信息进行有效的加工与整理；二是对信息进行分门别类的系统储存。

人脑的信息加工能力是有限的，不可能在瞬间进行多种操作，为了顺利地加工大量的信息，人们只能按照一定的策略在每一时刻选择特定的信息进行操作，并将整个认知过程的大量操作组织起来。因此，认知策略对认知活动的有效进行是十分重要的。

以用户为中心对产品进行分类，这种划分方法是建立在用户生理和认知心理基础之上的，是由最初的生理刺激——反应到行为活动再逐步扩展到整个情感的高水平认知活动。这一过程由以下三个设计层次组成。

本能水平的设计

本能水平的设计是用户生物水平的本能反应，即以最快的速度对美丑、安全与否、饥饿等情况向中央系统、肌肉发出信号的反应，这类产品的设计需要依靠外形的初始效果吸引用户，是用户依靠本能来认识周围事物的基础。例如，一般生活用品、简单的电子类产品等。

行为水平的设计

行为水平的设计是建立在本能认知水平基础之上的设计。用户根据固定的规则分析周围环境，做出行为上的反应。通过体验和练习丰富其行为水平的认识，并经过一定的操作使用产品工具完成任务设计。用户关心产品的品质和性能，用户的生理、认知心理需求决定着产品的成败。例如，自行车、滑雪板、简单的运动器材等。

反思水平的设计

反思水平的设计是用户最高水平的设计，也是用户对自身活动有所意识的认识，且随着认知的深化产生新的认识概念。用户强调对产品的整体情感认同，是较高反思情感因素的设计。例如，娱乐、纪念品、品牌价值等。

3.2 记忆

保持和遗忘是时间的函数。

——艾宾浩斯

记忆是人脑对过去经验的保持和提取

凡是人们感知过的事物、思考过的问题、体验过的情感以及操作过的动作，都可以通过映像的形式保留在人的头脑中，在必要的时刻又可以把它们重现出来，这个过程就是记忆。这里有两个关键词，第一是保持，第二是提取。记忆既需要保持信息的能力，又需要在必要时刻再次提取信息的能力（见图 3-9）。

图 3-9 记忆是人脑对过去经验的保持和提取

记忆的形成

人们通过感知觉所获得的知识经验，在刺激物停止作用之后并不会马上消失，它还会保留在人们的头脑中，并在需要时能再现出来。例如，拨打电话时，人的知觉会被转化成电信号，沿着神经元在脑神经网络中迅速传播，信息会率先进入短期记忆区域，人们可以在几秒钟或是几分钟的任何时间里随时调用这段记忆，然后信息会通过海马体转移到长期记忆中去，最后到达大脑中的不同信息存储区域。神经元会通过特殊的神经递质，在特定的突触部位进行交流。如果两个神经元之间频繁通信，就会发生一件神奇的事情——它们之间的通信效率会提升。这个过程称为长时程增强作用，被普遍认为是一种长期存储记忆的机制。

经常会有周围的人说自己记性比较差。记性差意味着什么？这并不代表这些人不能记忆，其记忆是可以保持的，只是这些人没有办法在其需要的时候能够快速地将记忆提取出来，包括很多失忆的人，所谓的失忆并不是没有记忆，而是在提取的时候出现了障碍。

记忆的特点

记忆与感知觉不同，感知觉反映的是当前作用于感官的事物，离开当前的客观事物，感知觉就不复存在。记忆总是指向过去，是在感知发生后出现的，是人脑对过去经历过的事物的反映。

记忆由三个环节构成。

第一个环节是识记，它是记忆的开端，是人获得知识和经验的过程。

第二个环节是保持，它是已获得的知识经验在头脑中储存和巩固的过程。

第三个环节是回忆，它是从头脑中提取知识和经验的过程。

已储存的知识有时不需要马上提取出来，但当它重新出现时，能加以确认，这个过程称为再认。而那些既不能再认又不能回忆的现象是遗忘，它是保持的对立面。识记、保持和回忆这三个环节是相互影响、相互依存的，有着密切的联系。

记忆的三种结构

记忆包括感官记忆、短期记忆、长期记忆三种结构，它们是逐级递进的关系。图 3-10 所示为记忆的三种结构。

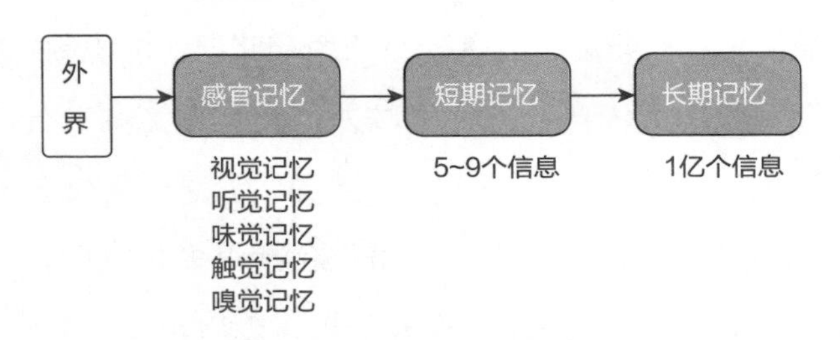

图 3-10　记忆的三种结构

（1）感官记忆

感官记忆是通过人的感觉器官，如眼、耳、鼻、舌、口、手等形成的记忆，包括视觉记忆、听觉记忆、味觉记忆、触觉记忆、嗅觉记忆等。通过这些感觉器官，人们感受到冷，感受到热，感受到空气，感受到风。感受到这些事物都会对人们的感官产生一些记忆。感官记忆的存储容量很有限，保持时间很短。

（2）短期记忆

短期记忆储存当下刚刚产生的最新经验或思考的内容。信息自动进入短期记忆，人们可以在短时间内毫不费力地回忆起来。短期记忆能够储存一段时间的信息，但储存量较小，并且记忆相当脆弱。如果没有任何干扰，短期记忆的内容可以保持到使用的时候，但如果受到其他活动的干扰，记忆的信息就会立即消失。对于短时记忆的约束来源于干扰，可以通过使用多种感官来减轻干扰。例如，视觉信息不会过于干扰听觉，触觉也不太会干扰视觉或听觉。为了最大限度地提高工作效率，可以用不同的模式呈现不同信息，像视觉、听觉、触觉，以及手势、空间信息等。

短期记忆的 7 ± 2 法则

由于人们头脑里面信息处理的局限性，短期记忆中存在 7 ± 2 法则。人们在处理信息组时最好是在 5~9 这个范围里面，这个是交互设计中一个常用的法则。

例如，网页导航为了给用户提供明晰的网站向导，导航栏目最多不超过 9 个。如果栏目过多，用户就会觉得混乱而难以选择，超过 9 个就得考虑分组分级显示了。移动应用中一般导航不超过 5 个，从而使得页面简单明了，因为用户在查看网页或者 App 的时候调用的都是短期记忆，可记住的只有 7 ± 2 的范围，再多的话不容易记住。因此，我们可以看到很多网页的导航都是采用 7 ± 2 的框架。

（3）长期记忆

与短期记忆不同，长期记忆则能够保持几天到几年。在生物学上来讲，短期记忆是神经连接的暂时性强化，通过巩固后可变为长期记忆。长期记忆储存的是过去的信息，其储存和提取都需要花费人们很大的精力和时间。长期记忆的优势在于具有强大的容量，也许容量无限，能把信息保存很长时间，但是长期记忆的困难在于组织管理信息。长期记忆的信息提取形式有回忆和再认两种，加工的深度对记忆的效果有很大的影响。

长期记忆分为内隐记忆和外显记忆。内隐记忆是一种无法在正常意识中表现出来，但通过一些手段可以测量的记忆。外显记忆又可以分为陈述性记忆和程序性记忆。

记忆力的消失

现在，请试着回想一段印象深刻的记忆，脑海里肯定会出现某些熟悉的画面吧?

接着再试着回想下，三周前的午餐吃了什么？是不是有点记不清了？这是为什么呢？为什么有些事情我们总是可以记住？但是却会遗忘另一些事呢？为什么有些记忆最终会变得模糊甚至消失呢?

为什么有些记忆会被遗忘

（1）年龄因素

随着年龄的增长，大脑中的突触会开始萎缩，这将加大人们调用记忆的难度。对于这种现象背后的具体原因，科学家们有几种不同的解释。有人认为是大脑萎缩，海马体会每十年损失掉 5% 的神经元，当人们 80 岁的时候，总共会损失 20% 的海马体神经元。也有人认为原因在于神经递质的产量下降，如对学习和记忆至关重要的乙酰胆碱，这些变化似乎会影响人们检索记忆中信息的方式。此外，年龄还会影响人们记忆的能力，当人们集中注意力，或者信息对人们非常有意义时，记忆将被牢牢地编码。但在年龄增长时，人们的心理和生理健康问题会随之增加，人们的注意力不再那么集中，这会成为人们记忆的“窃贼”。

（2）长期的压力

当人们总是超负荷工作或是内心承担巨大心理压力时，身体就会处于高度戒备的状态。这种反应是从生理机制演变而来的，目的是确保人们能在任何危机中生存下来。虽然压力也会给人们带来动力警觉度的提升，不过，长期压力会让人们的身体充满因压力而产生的化学物质，从而导致脑细胞损失而无法形成新的脑细胞，就会影响人们获取新信息的能力。

（3）抑郁

据统计，抑郁症患者出现记忆问题的概率比普通人要高出 40%，他们体内的五羟色胺含量较低，这是一种影响情绪的神经递质，可能会让他们对新信息不太关注，容易沉湎于过去的悲伤事件。这些也是抑郁症患者的表现，难以关注当下，会直接影响他们储存短期记忆的能力。与抑郁相伴的自闭也是一个记忆“窃贼”，相较于社会融入度低的老年人，社会融入度较高的老年人记忆力衰退的速度较慢。社交活动会让大脑得到锻炼的机会，就像肌肉需要锻炼一样，人们必须经常开动大脑，否则有萎缩的风险。

如何提高记忆效率

（1）任意性信息的记忆

任意性信息的记忆需要死记硬背式的学习。例如，高速喷气式飞机驾驶员必须死记硬背住处理紧急情况的具体步骤，在真正出现危险时，就能不假思索地迅速做出反应。但总体来说，死记硬背的学习会产生很多问题。首先，因为所学到的知识是随意性的信息，学习记忆起来比较困难，当需要再次回忆提取信息的时候，很难通过记忆提供线索，这种记忆方法效果比较差。

（2）相关联信息的记忆

一些规则和限制因素可以帮助人们将那些表面上杂乱无章、毫无关联的事情组合在一起，这样可以帮助人们记忆相关联的信息。

（3）需要深入理解的记忆

将需要记忆的信息与本人或者其他已知的事物形成有意义的联系，这是一种最有效的记忆方式。在这种记忆方式中，心理模型发挥着重要作用。当信息被赋予意义，并与人们已经掌握的信息知识相契合时，就会形成有意义的模型结构，这样的结构可以帮助人们梳理信息的混乱和随意性，新的信息就容易理解和记忆了。有意义的内容将有助于形成长期记忆。要想使短期记忆的内容产生意义，就需要与旧有知识信息建立联结，使新的信息内容与旧有信息知识产生关联挂钩，由旧有知识给予新资讯以“意义”，这样知识内容就会比较容易储存于长期记忆中。

（4）记忆转换

短期记忆转化为长期记忆，需要在大脑内部产生一些改变来保护记忆免受竞争性刺激的干扰或伤病的破坏。这种依赖于时间，借此在人们的记忆中获得一种永久性记录的过程，被称为巩固。记忆细胞与分子部分的巩固，一般发生在学习过程的最初几分钟或几个小时，并使一些神经元或神经元组合发生改变。系统水平的巩固——涉及操控个体记忆处理过程的脑网络重组，可能需要几天乃至几年的时间，巩固过程要缓慢得多。

关于记忆的小测试

请你用10秒钟时间记住这行数字

5947183

现在闭上眼睛，尝试回忆并重复这行数字。

请你用 10 秒钟时间记住这行数字

11223344556677889900

现在闭上眼睛，尝试回忆并重复这行数字。

请你用 10 秒钟时间记住这行数字

36597023812563980346

现在闭上眼睛，尝试回忆并重复这行数字。

请你用 10 秒钟时间记住这段话

我和妹妹去游乐园玩了一整天，很累但也很开心。

现在闭上眼睛，尝试回忆并重复这句话。

好，测试结束。

你是不是感觉到第一段、第二段数字和第四句话很容易准确回忆出来，而第三段数字却很难准确回忆？

现在问题来了，为什么第二和第三这两段同样 20 个字符的信息，第三段很难准确回忆，而第二段你能很快地就把它记下来，而且复述得非常准确呢？

第一段你是靠死记硬背记下来的，第二段你是靠找规律记下来的，第三段没有规律，靠死记硬背也记不住，而第四段则是靠理解的记忆，对不对？这个小测试就是为了说明我们记忆形成的特点。

当外界信息进入到我们的记忆系统时，人们靠短期记忆能记忆 5~9 个这样的任意信息，这种任意信息之间虽然没有关联性，但如果信息量适中，就像小测试中第一行数字 5947183 就是 7 个信息符，所以便于短期记忆。然而因为 5947183 信息之间是没有关联性的，那么对人们来讲虽然能够短期记忆，但很难保持，更无法转换成长期记忆，因此很快就会遗忘。

第二段数字 11223344556677889900 虽然长达 20 个信息符，但因为信息之间有一定规律，所以便于记忆，相对也便于转换成长期记忆。

第三段数字 36597023812563980346 也长达 20 个信息符，并且数字之间毫无关联，所以既无法短期记忆，更无法长期记忆。

第四段这句话**我和妹妹去游乐园玩了一整天，很累但也很开心。**虽然信息符很长，但因为信息中包含非常强的逻辑关系，便于人们理解，所以人们能很快就把它记下来，并且容易转换成长期记忆。

通过上面的小测试可以理解，人们既可以记忆任意性信息，也可以记忆关联性信息，更能够通过理解进行记忆。而这三种记忆方式当中，第一种是要靠死记硬背，这种记忆方式的记忆效果是最差的。第二种记忆相关联的信息是靠限制和规则才能够使那些毫无关联的事情组合起来。第三种通过理解进行记忆才是最容易被记住，而且能够长期保持的。理解并记忆是最有效的记忆方式，其记忆原理与人们的心理模型是有非常密切关系的。图 3-11 所示为记忆的三种模式的特点。

记忆任意性信息

死记硬背，这种记忆效果最差。

记忆相关联信息

规则和限制因素将表面上杂乱无章、毫无关联的事情组合在一起。

通过理解进行记忆

一种最有效的记忆方式，心理模型在其中发挥重要作用。

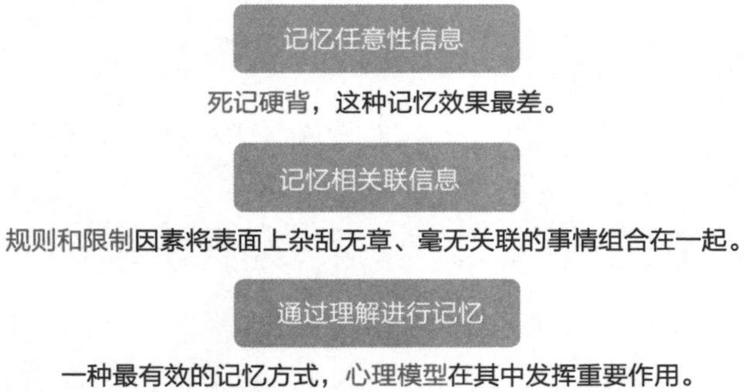

图 3-11　记忆的三种模式的特点

记忆的困惑

在这个看似“便利”的世界里，人们到底需要记忆多少信息呢?

身份证号码、工作证号码、汽车牌照号码、驾驶执照号码、家庭成员生日、邮政编码、家里电话号码、单位电话号码、手机号码、电话卡账户号码、银行卡号码、信用卡号码、银行取款密码、保险柜密码、计算机密码、衣服尺寸号码、路牌号码、门牌号码、紧急呼救号码、QQ 号码、电子邮箱密码、微信支付密码、支付宝密码、网上游戏密码、鞋子号码等。

人们怎么可能记住如此多的信息？于是有人干脆把重要的信息写在书上或小纸片上，可是这样做又出现了另一个问题：如何伪装这些信息以防他人看到？怎样记住当初是如何伪装的或是藏在何处？唉，这又是记忆的困惑。

（1）遗忘曲线

还记得“阿里巴巴和十四大盗”吗?

嗯，稍等，是“十四大盗”还是“四十大盗”?

呀，好像忘记啦!

是芝麻开门了?

玉米开门了?

还是小麦开门了?

哎——

记不住、记不清、记错了。

这都是记忆的困惑。

记忆是有遗忘曲线的。

遗忘曲线由德国心理学家艾宾浩斯（H. Ebbinghaus）研究发现的，描述了人类大脑对新事物遗忘的规律。人体大脑对新事物遗忘的循序渐进的直观描述，人们可以从遗忘曲线中掌握遗忘规律并加以利用，从而提升自我记忆能力。遗忘曲线对人类记忆认知研究产生了重大影响。

遗忘在学习之后立即开始，而且遗忘的进程并不是均匀的。最初遗忘速度很快，以后逐渐缓慢。艾宾浩斯认为“保持和遗忘是时间的函数”，图 3-12 所示为遗忘曲线。

例如，多数人读书在 20min 之后只记得其中六成，到了第二天就只记得其中的三成，但之后遗忘的速度较为趋缓，到了一个月后还能记得其中的两成。

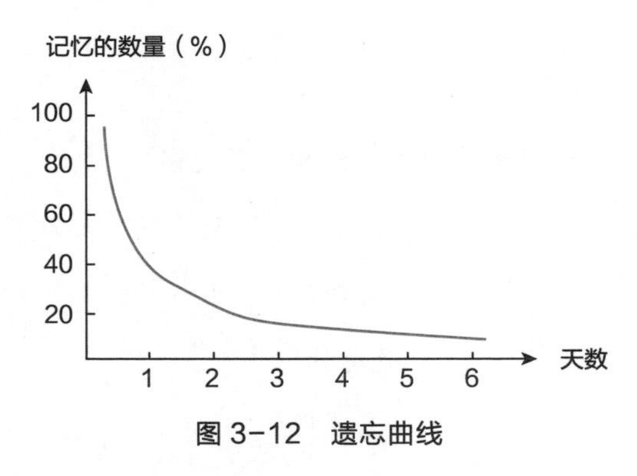

图 3-12　遗忘曲线

遗忘曲线告诉人们在学习中的遗忘是有规律的，遗忘的进程很快，并且先快后慢。可见，对“记忆”而言，第一天是记忆的关键时刻。回溯记忆是一个记忆重建的过程，在这个过程中，人们可能会犯错。记忆规律可以具体到每个人，因为人们的生理特点、生活经历不同，可能导致人们有不同的记忆习惯、记忆特点、记忆方式。因此，人们要根据每个人的不同特点，寻找到属于自己的艾宾浩斯记忆遗忘曲线。设计师如何遵循这种遗忘曲线进行设计，这是需要设计师去学习的。

在产品使用过程中，很多用户最开始是准确掌握了某个产品使用的方式方法的。但是如果用户很长时间不用这款产品，当他再次使用的时候，他可能只记忆提取出对于这个产品部分使用方法的操作方式，而对有些关键细节回忆起来可能就很困难，而这个过程中如果有很多相似的功能，那么用户就可能会产生混淆。所以在产品设计过程中，尤其是那些使用频率不是很高的产品，设计师就要考虑到用户会产生记忆遗忘和混淆，产品的功能设计要区分得比较明显。

例如，界面图标的设计，需要特别有辨识度。如果界面图标的设计特别相似，对于用户来讲，分辨就很困难，哪怕他当时经过学习最后分辨出来了，但是隔了很长一段时间后，他再去使用这款界面的时候，其记忆提取还是会出现阻碍，就必须再次进行学习，实际上就增加了用户记忆负担和学习负担。

这些问题似乎微不足道，但是足以改变人们的心情，使人们在使用这些产品的时候有挫败感。因此，这就需要设计师充分考虑以上因素，尽可能减轻用户的记忆负担。

（2）减轻记忆负担

“变化”是现代化的一个重要特征，人们每天要花许多精力去记忆每天干什么事情，什么时间干，怎么干。可是，在生活中，似乎存在一个“阴谋”，一个让人们的记忆力超负荷运转，从而达到摧垮人们理智的

“阴谋”。花样不断翻新的各类家庭用品给人们增加了许多的记忆负担，同一类型的产品并没有什么新技术，操作方式却在不断变化，这就迫使人们必须不断学习记忆新的布局形式和操作方式。设计要解决的主要问题往往不再是减轻体力负荷，而是脑力负荷，其中一个重要的问题是记忆负荷，也就是所谓的“学习负荷”。

例如，火车取票机的界面设计就非常符合人的记忆特点（见图 3-13）。操作界面信息准确、醒目，人机交互对话框提示给人留有充足的心理预期时间，用户不会对取票机操作流程产生任何迷茫，便于操作和记忆。

既然记忆本身是一个既要保持又要提取的过程，而同时人们还会出现提取不顺畅的问题，那么对于设计师而言，需要做什么呢？设计师就需要通过设计来促使人们强化记忆的提取功能，尽可能地通过一些外部设计来刺激强化记忆。

图 3-13　火车取票机指示清晰的界面设计

3.3 行为组织与操作

行为组织

关于硬币的小测试

人们通常无须精确记忆硬币上的图案和文字，就能够区分不同面值的硬币（见图 3-14）。但是如果要求我们记得确切些，麻烦就出来了——

你能准确说出 1 元、5 角、1 角硬币的背面图案、尺寸吗?

图 3-14　1 元、5 角、1 角硬币正面

下面，揭晓答案!

在第五版的人民币硬币的这三个面值当中，1 元硬币的背面是一朵菊花图案，5 角硬币的背面是一朵荷花图案，而 1 角硬币的背面是一朵兰花图案。1 元硬币的直径是 25mm，5 角的 20.5mm，而 1 角的是 19mm（见图 3-15）。

图 3-15　1 元、5 角、1 角硬币背面

硬币的大小、重量、颜色、图案、文字等丰富信息为用户提供使用信息，这些信息都呈现在面积不大的金属载体上。人们在使用这些面值的硬币的时候，并不能够完全准确地记住这些信息，而人们通常不能精确记忆硬币上的信息，却能够完全正确地使用硬币。

在生活中，人们常常会遇到类似的情况。这是为什么？

知识的不精准性与行为的精准性

不同面值的硬币上面有若干不同的造型图案设计，似乎看起来比较复杂，难以准确记忆。但是，生活中硬币图案纹路的差异却并不影响人们的正确使用，在没有完全精准地记忆硬币图案特征的前提下，人们依然能够很准确地使用硬币。那么，人们依靠什么来进行区别呢？实际上，人们通过存留在大脑中对硬币的认知模型和存留于外部世界的限定条件，这两个因素共同作用形成了人们这种看似不精准记忆下的精准行为。

实际上，准确操作所需的知识并不完全存于头脑中，而是一部分在头脑中，一部分来自外部世界的提示，还有一部分存在于外界限制因素中。

仍以硬币为例详细分析。首先，1 元、5 角、1 角硬币在大小、颜色这两个要素方面存在明显的视觉区别，这两方面的特征就是存留在人们大脑当中对硬币的核心认知模型。其次，硬币的重量、图案、文字等丰富信息则是存在于外部世界的提示，虽然硬币这三方面也存在明显区别，但从人们的认知模型角度看，并不是根本核心区别。最后，就是外界限制因素起作用，不管市面上流通的硬币有多少枚，却只有这三个面值的硬币，并且硬币大小、颜色保持一致。最终，这三个方面共同作用，形成了人们使用硬币过程中看似不精准的记忆下的精准行为。

记忆既储存于大脑，又储存于外部世界

储存于外部世界的信息和储存于头脑当中的信息对于人们的日常生活同样重要。

储存于外部世界的信息的优点是，只要人们能够察觉到就可以快捷轻松地得到信息，但因为解读外部信息需要一个寻找和诠释的过程，而这个过程的难易程度取决于设计师的水平。

储存于头脑当中的信息的优点是，人们获取记忆信息比较便利，但学习有时需要人们付出大量的时间和精力，而且有时候还容易忘记。

例如，你能回忆起家中电话机的每个数字键上都有什么字母吗？

又如，你能在不看键盘的情况下排列出正确的键位图吗？

答案是，不能！

然而，我们都知道如何使用电话，用键盘打起字来又快又准！神奇吧！

人们的行为是由内在头脑中储存的知识和外部知识共同决定的。尽管在使用某些特定物品时，人们具备一定的储存在头脑中的知识和经验非常重要，但是如果设计师在设计中能够提供给用户足够的外在线索，即使当头脑中的知识缺乏时，也会带来很好的效果。在通常情况下，人们可以轻易地从外界获取知识。符号、自然映射等都可以作为外部的知识帮助人们比较容易地察觉到线索。这类信息太普遍了，人们就会利用外部环境，从中获得大量的信息。一旦从事某种任务所需的知识在外部唾手可得时，学习这些信息的必要性就大大降低，人们仅需要记住能够完成任务的知识即可。

记忆对于储存外部的知识和信息而言，最好的方法就是既能够储存于人们的大脑，同时又储存于外部世界。如果将头脑中的和外部的两种

知识相结合的话，效果会更好，人们就可以很好地去利用现有的产品和信息去完成任务。

陈述性知识和程序性知识

人们依赖两种类型的知识完成工作：**陈述性知识和程序性知识。**

陈述性知识也叫“描述性知识”，是指个人通过有意识地提取线索，从而能直接加以回忆和陈述的知识，主要用来说明事物的性质、特征和状态，用于区别和辨别事物。这种知识具有静态的特点，要求的心理过程主要是记忆。陈述性知识的获得是新知识进入原有的命题网络，与原有知识形成联系。陈述性知识包括实事和规则的知识，简单地说就是这类知识主要用来回答事物“是什么”“怎么样”等问题，可用来区别和辨别事物。

程序性知识是当人们缺乏提取线索的意识，只能借助某种作业形式间接推论其存在的知识。在学习程序性知识的第一阶段是按照习得过程性知识的陈述性形式；第二阶段是经过各种变式练习，使贮存于命题网络中的陈述性知识转化为以产生式系统表征和贮存的程序性知识；第三阶段是过程性知识依据线索被提取出来。这类知识主要用来回答“怎么想”“怎么做”的问题。

陈述性知识的获得常常是学习程序性知识的基础。程序性知识的获得又为获取新的陈述性知识提供可靠保证。例如，学习外语时，词汇和语法规则的学习是掌握陈述性知识，当人们通过大量的反复练习，对外语的理解和运用同本民族语言一样流利时，关于外语的陈述性知识就转化为程序性知识了。陈述性知识的获得与程序性知识的获得是学习过程中两个连续的阶段。

陈述性知识与程序性知识的区别主要有以下几个方面：

1）陈述性知识是关于“是什么”的知识，以命题及其命题网络来表征；程序性知识是关于“怎样做”的知识，以产生式系统来表征。

2）陈述性知识是一种静态的知识，它的激活是输入信息的再现；而程序性知识是一种动态的知识，它的激活是信息的变形和操作。

3）陈述性知识激活的速度比较慢，是一个有意的过程，需要学习者对有关事实进行再认或再现；而程序性知识激活的速度很快，是一种自动化信息变形的活动。

4）大多数陈述性知识可以通过语言传授（如“北京是中国的首都”），而大多数程序性知识是不能通过语言传授的（如有人会潜水，但却不能把这种技能通过语言传给他人）。

5）陈述性知识可以通过媒体、讲座等形式习得（如预防疾病的知识），而程序性知识必须通过练习和实践才能获得（如驾驶汽车的技术）。

6）陈述性知识能够通过应用、回忆、再认以及与其他知识联系等方式来表现，而程序性知识必须通过各种操作步骤来表现。

陈述性知识和程序性知识常常是结合在一起的。在学习过程中，最初都以陈述性知识的形式习得，只是在大量练习之后程序性知识才具有了自动化的特点。学习者所掌握的程序性知识也会促进新的陈述性知识的学习，一般来讲，在熟悉的条件下进行活动所运用的主要是程序性知识。

设计与行为操作

提醒设计

储存于外界的知识具有自我提醒的功能，可以帮助人们回忆起那些容易忘记的内容。存于头脑中的知识使用起来更高效，无须对外界环境进行查找和诠释。但是，如果想要利用储存于头脑中的知识，人们就需要首先通过学习先将这些信息储存于头脑中，这些信息中就可能包含那些短期记忆的信息。短期记忆的信息可能前一分钟还储存于头脑中，下一分钟就忘记了，人们无法依赖这种信息，也就不可能希望它会在某个特定的时刻浮现在脑海中，除非有外界的刺激，或者通过不断地重复。当人们离开外界有形的可视化帮助，很多信息就会化作无形，因此就需要通过储存于外部的知识信息得到及时提醒，使人们在特定的使用时间能够再现记忆。

例如，因为忘记拔钥匙而导致人身安全及财产遭受损失的新闻很多，为了防止这样的事情再次发生，设计师就研发出钥匙提醒器（见图 3-16）。当用户携带智能钥匙走到距驾驶员侧车门把手 0.7m 以内时，车体外部的信号发射器即可识别到智能钥匙内置的 ID 码，这时用户只需轻轻拉动车门把手，4 个车门便会全部解锁。而在关闭所有车门并离开车辆后，锁定 4 个车门所需的操作仅仅是轻按驾驶员侧门把手上的锁定键而已。当用户携带智能钥匙进入离行李舱中央处车标 0.7m 以内空间时，

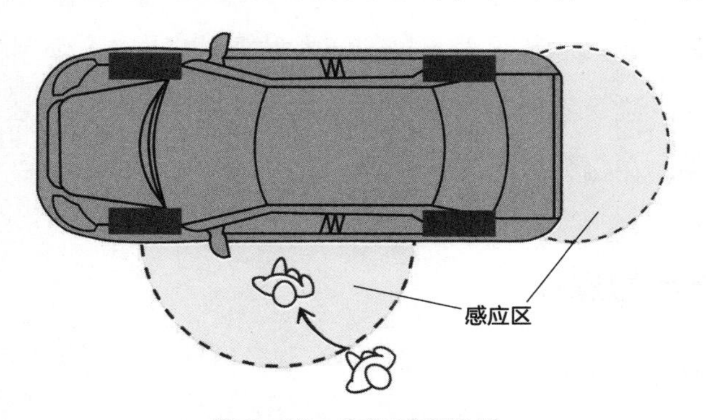

图 3-16　车门感应解锁

置于尾部的信号发射器也可识别到钥匙内置的 ID 码，按下行李舱盖上的开启按键，行李舱即可解锁并开启。

自然匹配设计

对于产品设计师而言，在进行一些产品设计实践过程中，产品有些部分的设计的是需要帮助用户形成准确的理解和判断，尤其是同类型的产品设计时，产品共性的功能和使用方式需要能够达成用户认知模型的统一性，不要刻意通过设计加大差异。

例如，开关与灶头之间清晰准确的匹配关系，就能够使人们在操作的时候很容易分辨出到底需要去开哪个开关来控制哪个灶头（见图 3-17）。这样的设计就是一个非常好的通过提醒的方式来借助外界的设计，减轻了人们的记忆负担。

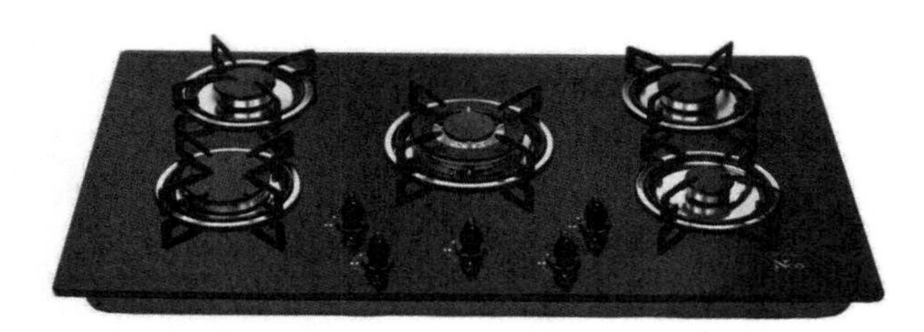

图 3-17 开关与灶头之间清晰准确匹配的炉灶

又如，电吹风（见图 3-18）、电饭煲、电动牙刷之类的日用家居产品，这类产品有许多功能具有共性，使用方式也具有共性，产品的使用模式已经被绝大多数用户认可，甚至已经成为用户的一种习惯性行为。在设计这类产品时，设计师一定要遵循部分原有同类型产品共性的使用方式，包括功能键位置、开关方式、操作模式等，使用户只需要调动原来存储在大脑当中使用方式的记忆和经验，就可以顺利使用新产品，不需要重新学习，减轻用户在使用新产品时的学习负担。

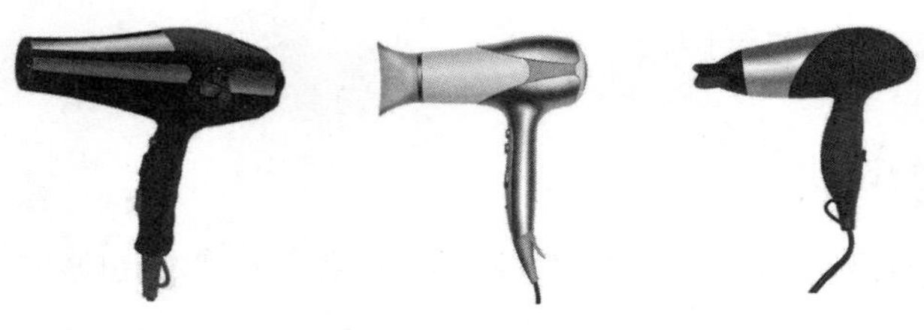

图 3-18　电吹风

对于设计差异过大的同类型产品，一旦这个新产品在用户使用时与其记忆当中存储的记忆模型对应不上，用户的使用习惯、使用模式就需要被大大地改变，这就会造成两种结果。一种结果是用户要去花更多的时间去重新学习。这时就涉及一个很关键的问题，用户到底有没有意愿去重新学习？如果这款产品设计特别新颖，让用户觉得有探索欲望、有挑战性、有趣味性、有价值，用户有可能愿意花额外的时间去学习。反之，结果可能就是用户从心理上对于原有产品的使用模式已经高度认可了，产品创新不足以调动起用户的探索欲望，用户不愿意重新学习，从而直接放弃该产品。

当然，在设计实践中，不同的用户人群的情况也有差异。例如，对于小朋友或者年轻人来讲，他们的探索欲望或者学习新知识的能力很强。如果产品设计很有趣，他们会改变原有使用习惯，重新适应，并且适应能力强。但如果这款产品是为老年人设计的，就要考虑到，这个年龄段的人学习能力和学习欲望都降低了，更愿意遵循固有的使用模式，对使用模式改变很大的产品，其接受度就很低。

例如，现在生活中处处离不开网络，人们需要通过网络上课、网络购物、在线开会、网络约车、网上看展……越来越多的工作生活事务要通过网络去实现和解决。伴随而来的就是越来越多的App、小程序等手机终端软件的诞生，用户也越来越接受这样的产品。原因在于这些软件的设计初衷都是基于满足用户的使用需求，设计师精准找到用户诉求点，操作界面设计人性化，用户易学易用，就会有学习主动性。

用户对产品接受度的高低才是产品设计是否成功的一个很重要的评价依据。用户的认知能力是有差别的，认知能力决定了用户在脑海里建立的可以接纳的产品模型，其接受度是有限的。而往往设计师自认为的用户接受度和用户实际接受度并不是非常吻合，甚至很多时候是错位的。有时候用户的接受度高于设计师的想象力，也就是说用户觉得现有产品没有达到其心理预期，这就需要设计师不断创新，以达到符合目标用户认知模型，满足用户心理需求。还有一种情况是设计师认为的用户接受度远高于用户实际接受度。这种情况下，想要用户接纳产品，设计师要做的工作不仅是产品本身的创新设计，还要更好地引导用户理解和接受产品。设计师希望用户不断学习接受新产品，但是用户认知行为有时候是不可控的，设计师无法直接与用户交流。这个时候，设计师如何通过设计去引导用户的认知行为呢？

例如，有些小众的文艺片不如商业片卖座。为什么？因为文艺片的观众比较少，大部分的文艺片对于普通的观众来讲太晦涩难懂，观众的审美能力和认知能力没有达到那个程度，所以很多文艺片让人感觉曲高和寡，票房不高。而商业片就比较通俗易懂，大部分观众都能够看明白，观众能理解影片的笑点和泪点，因此更愿意为影片买单。举这个例子并不是来讨论文艺片和商业片的优劣，而是为了说明不同受众群体的认知能力是不同的，设计师要针对不同受众制定不同的设计策略，以满足不同认知能力群体的需要。

设计师对一个产品进行优化设计，并不是从无到有颠覆性的发明创造。作为设计师更多的是做优化改良设计，在产品不断优化迭代提升的过程中，设计师不要一厢情愿地认为自己怎么设计，用户就一定会有对应的理解，设计师要努力追求达到设计初衷与用户心理需求的一致。设计师去解决设计的问题和想出激发引导用户学习的办法，用户去解决提升认知和再学习的内驱动力问题。两者达成一致之后，用户自然而然地就会有主动性去学习，产品接受度自然而然就提升上来了。

3.4 用户出错

每个人都会出错

人非圣贤，孰能无过？

——《左传·宣公二年》

每个人都会出错。做事严谨的人，出错少一些，做事马马虎虎的人，出错会多一些，但是没有人不出错，这是一个客观存在的事实。人们在生活中的差错大多属于失误。例如，你本想做一件事，但却做了另一件事；或是某人清清楚楚地对你讲一件事，你听到的却与他讲的有很大区别。

研究出错就是研究日常差错心理学，也就是弗洛伊德的“日常生活的病态心理学”。有些出错的确具有隐含的意义，但大多数的出错都可以用简单的心理机制加以解释。

什么样的情况下人们会出错?

对事情的不可控会使人产生恐惧、慌张、无助等心理情绪，进而产生操作失误。恐慌的根源不完全取决于这个事情的严重程度，再严重的事件发生只要可控，人们的恐惧、惊慌等情绪就不会那么的强烈。而如果用户一旦产生失控感，其操作失误的概率就会大幅度提高，出错的概率就会大大增加。人越紧张，就越想不起来该怎么正确地操作，越会去试错，结果越试越错，从而进入恶性循环。

例如，人们操作电脑时有时会一不小心把一个文件删除，而删除这个文件有可能是操作者的主观判断，也有可能是其误操作。如果是误操作，想找回这个文件，从哪儿找？可以从电脑文件回收站里找，这就是一个防止用户误操作的设计。哪怕电脑回收站里的文件也让用户不小心给删除了，还想找回来，怎么办呢？就稍微费点功夫找电脑工程师，从原始的使用痕迹里面把它找回来，这也是能够办到的，这其实也是能够修正用户误操作的一种方法。

出错常见类型：行动失误、缺乏知识、记忆失效、违反规则。其中违反规则属于主观错误，不属于设计心理学研究范畴。

用户的出错是必然的。设计师需要面对和解决的问题是用户如果出错，如何通过设计去弥补，或者是加以防范。用户的认知特点差异、感觉阈值、用户差异等都是比较大的，不能要求用户必须按照统一的标准模式去做。设计师对于用户了解的深入程度，直接决定了设计出来的产品是否能够更全面地满足用户各种不同情况下的差异化需求，特别是一些非常态情况下的需求。在非常态情况下，设计师没有办法去控制用户的动作和感受，但是设计师可以通过科学的、严谨的、有创意的设计去帮助用户解决一些非常态情况下棘手的问题。

所以了解用户的心理特点，对于设计师通过精准设计和有效引导，使用户能够对于一个产品有效控制和正确操作是非常重要的。

针对行动失误的设计产品案例 1：刚学车时，学员分不清油门和刹车，会造成非常危险的失误。所以，教练车副驾上配备了辅助制动踏板设计（见图 3-19），紧急时刻，教练脚下的辅助制动踏板可以防止学员的误操作带来的危险。

针对行动失误的设计产品案例 2：孩子坐在后座时不知道行车时打开车门多危险，所以在司机左侧车门上设计了儿童锁（见图 3-20）。其作用是防止儿童在行车过程中把门打开，从而避免危险的发生。

图 3-19　教练车上的辅助制动踏板设计

图 3-20　汽车儿童锁

针对行动失误的设计产品案例 3：这款设计可挂在钥匙圈上（见图 3-21），通过蓝牙连接，找手机、找钥匙、找宠物十分方便，轻松定位，让使用者告别丢三落四的坏习惯。

用户都会出错，而且是花样百出的出错，设计师要接受这件事情，才能够心平气和地解决任何可能的问题，而不是一旦用户出错，就把所有的问题全推到用户那儿，反问“你怎么会那样做？你为什么不这样做？”

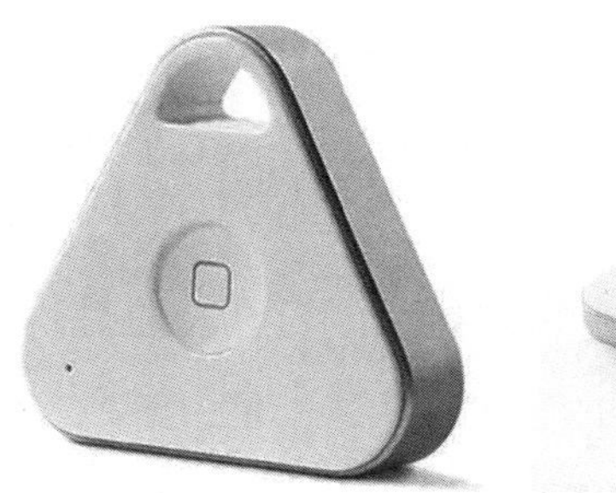

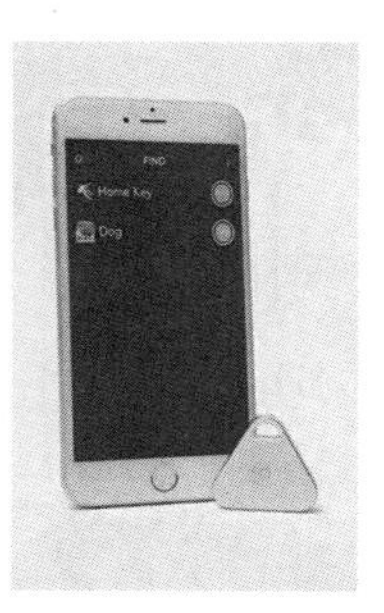

图 3-21　健忘者的好朋友

出错的类型

出错有多种形式，其中最基本的两种形式是失误和错误。

失误是下意识的行为，错误则产生于意识行为中。主观的是出错，实际上就是故意的出错。同时，还有很大一部分的出错是客观的或者无意识造成的。失误是由习惯性行为引起的，本来想做某件事，由于实现目标的下意识却在中途出现问题。

出错类型：取代性错误、描述性错误、数据干扰错误、联想错误、忘记动作目的错误。

（1）取代性错误

取代性错误指两个不同的动作在最初阶段是完全相同的，其中的一个动作我们不熟悉，而另外一个动作我们非常熟悉，于是就用熟悉的动作取代不熟悉的动作，其实就是“张冠李戴”。

“张冠李戴”是由于产品外观高度相似，或者操作产品的初期动作是高度相似的，就会由一个初期很相似的动作引发出来，在后面用熟悉的动作取代不熟悉的动作。

例如，我一边用着复印机，一边数着材料的页数，发现自己在说“1、2、3、4、5、6、7、8、9、10、J、Q、K”。怎么会这样？因为我最近常玩扑克牌。

一个前面相对比较熟悉的动作，当它进展到中间阶段的时候，后边的一个动作就产生了取代，而取代它的动作的根源，是由于取代它的动作更熟悉，人们会用更熟悉的动作去取代不熟悉的动作，这样的结果就导致发生了取代性错误。

类似这样的错误在生活中很常见。

例如，在唱一首歌时，唱着唱着就改了调，跑到特别熟悉的另一首曲子上了。

又如，到卧室换衣服，准备外出吃饭，后来却发现自己躺在床上。

再如，使用计算机时，忘记保存文件，就把计算机直接关掉了。

人们之所以会用一个熟悉的动作去取代一个不熟悉的动作，是由于人们在做这件事情的时候，注意力分散了，被干扰了，没有专心地去做这件事情，从而发生一系列的后续取代性错误。

不专心是谁的错呢？作为设计师，第一反应当然是用户的错。用户为什么不能一心一意地去换衣服，专心致志地去保存文件？但实际上每个人都有可能出现这种分心的情况。如果设计的产品，它在操作模式上和另外一款产品高度相似，或者前半部分的操作完全一样，用户在日常反复使用这款产品的时候，必然会认为已经非常熟悉了，就不必专注于操作这件产品本身，就会不由自主地去想其他更吸引其关注的事情。

这就是出现取代性错误的机制，这样的出错机制使得设计师在围绕用户进行产品设计的时候，尤其是对同类型的产品进行前期分析的时候，就一定要找出产品操作模式的共性，并尽可能使这些共性在新产品中延续下来，而不要中途加入一些需要用户刻意加入注意力操作的步骤（除非设计的产品是一个全新的操作系统，用户在使用这个产品的时候必须从开始就专注于操作本身）。

（2）描述性错误

描述性错误是一种普遍现象。假设本来预定要做的动作和其他动作很相似，如果预定动作在人们的头脑中有着完整精确的描述，人们就不会失误，否则人们就会把它与其他动作相混淆。

例如，我同时拎着两个塑料袋出门，一个装着吃的东西，一个装着垃圾。走到门前垃圾箱前，顺手扔掉一个。结果，等走出很远后突然发现垃圾袋还在手上，而装吃的塑料袋却不见了。

错误的对象与正确的对象之间越是相似，就越有可能发生描述性错误。每当人们心不在焉或忙于其他事情时，便无法专注于手头的工作，包括描述性错误在内的各种错误就有可能接踵而至。

实际上，这种描述性错误与设计的关系非常密切。为什么？因为设计就是要通过物体外部的形态、颜色等外部显现的一些特征来进行描述。如果产品之间的描述很接近呈现出来的样子，那么人们在使用的时候就很容易出现这种描述性错误。例如，本想把盖子盖在装糖的碗上，结果却盖在了咖啡杯上。出现错误的原因就在于两者的开口一样大，糖罐子和咖啡杯的外在特征高度相似。

如果这种描述性错误发生在日用小产品上，其影响并不会很明显，但是如果出现在一些机器设备非常重要的开关按钮上，一旦发生描述性错误，其负面影响就是不可逆的，后果将会非常严重。所以，设计师在产品设计的时候，一定要在标识或按钮的形态、色彩、位置等方面考虑用户的识别能力，不要让两个功能完全不同的按键出现在同样的位置，或以相似的面貌出现在用户面前，防止用户出现误操作。

（3）数据干扰错误

人的很多行为是无意识的，如用手拨开一只飞虫。无意识的行为是在环境刺激下产生的，也就是感官上的刺激引发了无意识行为，使人做出本来未计划要做的事。

例如，我经常会在别人问我电话号码的时候，随口说出我先生的电话。

实际上，数据干扰错误和取代性错误类型有相似的地方，就是无意识当中把本来不会出现的行为激发出来了。这种激发本不是人们想要做的动作，但是由于某种数据干扰激发了人们的下一步操作，就会产生问题。

（4）联想错误

如果外界信息可以引发某种动作，那么内在思维和联想同样能够做到这一点。

例如，办公室的电话铃响了，我拿起话筒说“请进来”。

这就是很典型的联想错误。这种错误的联想是什么？本来是电话响了，是有一个声音进来了，我拿起电话的目的是允许这个声音接通进入。但是当发生了联想性错误的时候，我把这个声音联想成了一个具体的人，而不是一个声音，于是说“请进来”，是允许这个具体的人进来，这其实就是一种联想错误。

外界的信息引发了某种动作，因为两个动作的内在逻辑是相同的，都是允许进入，只不过本来是允许声音进来，现在是允许一个人进来，因此产生了联想错误。

（5）忘记动作目的错误

忘记本来是一种比较常见的失误，更有趣的是，有时人们只是忘记其中的一部分。

例如，我从书房去厨房，却忘记去干什么，于是又回到书房，哦！我终于想起来了，我要冲杯咖啡！于是再次去厨房。

这种失误是由于激发目标的机制已经衰退，通俗说就是健忘。健忘是大脑的思考能力（检索能力）出现暂时的障碍，该症状会随着时间的推移自然消失或加重。

综上就是常见的五种出错类型。设计人员了解这五种出错的具体类型，可以为用户更精准地设计出防错设计模型。设计师的任务就是要建立一个能够被用户接受的设计模型。设计模型和用户模型越接近，设计的产品就越容易被用户所接受。初创模型建立出来后，设计师的任务就是如何去规避或去解决这些有可能出错的地方。

行动过程出错

一个行为动作包括四个阶段：形成意图、制订计划、实施计划、评估结束。最容易被人们忽略的就是评估，评估实际上就是用户的反馈。对于用户来讲，一旦发现操作失误了，但通过反馈感到依然可控，用户就不会因过于慌张从而导致更大的出错。

意图出错引出的失误

1）在确定目标时的出错。

2）方式出错。

3）描述出错。

行为模型应该怎样规避这一阶段的出错呢？

在进行描述目标的时候，就要防止出错。设计产品的时候，设计师就不能出现描述性错误。例如，同一款产品中的 a 功能和 b 功能，要尽量避免将两个完全不同功能的外在描述完全相同，如果二者外在描述形态上高度相似，用户就不可避免出现操作的错误。

误激发行动计划引起的失误

1）无意识地激发了一个行动，但它并不属于当时行动的一部分。

2）一个行动与另一个学习过的行动很形似，后一个被激发了。

3）外界相似的事件引起一整套的计划被误激发。

4）被激发的行为方式失去了有效控制。

要如何避免误激发行动计划引起的失误呢？

操作一个产品的动作和操作另外一个产品的动作在初期阶段特别相似，这样就会引发人们在操作的时候由一个熟悉的动作去取代不熟悉的动作，就会出现取代性错误。面对这个问题，设计师一定要考虑，这款产品使用的方式在前期和哪一款产品是高度相似的。设计师要引导用户能够区别对待不同的产品。如果不区别对待，就很容易造成用户原本已经用惯了某种操作，换另外一个产品时，一不留神就会用原来的操作方式，容易发生误操作。

例如，苹果电脑和 PC 机电脑操作系统的异同。如果用苹果电脑，用户想要关闭页面，就会习惯性地去左上角找关闭键，而 PC 机电脑的关闭键都是在右上角。这种产品的差异性不是很大，只是按键方位的变化，但因为前期操作动作的相似度很高，用户就容易出现误操作。

如何防止用户出错

通过限制因素防止用户出错

很多产品本应该设计得很好用，而有些产品是故意设计得很难用，但这样的设计确是合理的。在生活中有很多这样的例子。

例如，不允许人们随便进出的门；严格控制使用范围的危险设备；故意干扰正常的操作动作；未经授权就无法使用的安保系统；为了保护儿童而故意设计得很难打开的瓶盖。

这类产品被设计得难以使用有两个原因：第一，这类产品并没有完全排斥易用性，而是通过产品部分功能的限制使用，以便控制该产品的用户范围，但产品的其他部分仍然遵循优良设计的原则；第二，即便要增加用户使用某类产品的操作难度，也要让用户了解如何操作。

（1）强迫性功能限制

强迫性功能限制是一种物理限制因素，这里的强迫其实是一个“功能体系的必要关联”，如果用户不执行某一项操作，就无法进行下一步的操作；或者如果无意中没有去做那件事，那另一件事就会相应地结束或者按其他方式进行。这些操作都是在用户不知情的情况下日常使用过程中去完成的，并不需要一份说明书或者引导操作。

例如，起动自动档汽车时，驾驶员必须首先把钥匙插在点火开关上，用右脚踩住制动踏板，才能启动汽车，这就属于一种强迫性功能设计

（见图 3-22）。

又如，螺栓只能插入一定直径和深度的孔内，螺母和垫圈必须和特定大小的螺栓搭配，放入螺母前必须先放垫圈（见图 3-23）。

图 3-22　起动汽车时先要把钥匙插在点火开关上

图 3-23　螺母和垫圈必须和特定大小的螺栓搭配

强迫性功能限制是帮助用户能够更好地实现这种功能的要求，同时又不会过多增加用户的认知负担，或者在用户本身认知不足的情况下，依然能够通过产品设计实现对产品的功能需求。人为的限制性因素或者自然的限制性，实际上是设置了一个门槛，这个门槛的功能是什么？就是利用这种局限性来给用户设定一个安全的使用方式和范围。

（2）文化限制

文化行为准则以范式的形式在人们的大脑中予以体现。在日用产品设计中，设计师需要考虑一些约定俗成的文化因素。什么是约定俗成？往往是由人们经过长期社会实践而确定或形成的社会习惯，最终就形成了一种文化性或者一种规范性。这种范式也就是知识结构模型，由一般规则和信息组成，主要用于诠释状况，指导人们的行为。

例如，钟表表针按照顺时针方向转动，这就是约定俗成。如果一开始钟表就是逆时针旋转的，可不可以？我想也没问题。

人们习惯了钟表的顺时针，同时，把其他很多需要有方向性的旋转都设定为顺时针方向，而逆时针就是反向。一旦形成了这种文化习惯，人们就把它变成一种约定俗成。

又如，按顺时针方向拧紧螺钉，按逆时针就是将其拧松。螺钉头总是在部件的底部，容易被用户看见。由于这些限制因素，螺钉的安装方法就会减少到仅有的几种。文化限制因素本身并不能决定哪种安装方法一定是对的，但却能减轻学习的负担。

设计师在产品设计时，要遵循这样的文化限制和约定俗成，而这样的文化限制并不需要出现在产品说明书上，也不需要出现在产品操作培训课程上，人们自然而然地把它当成约定好的设计和使用方式。

设计师在使用文化限制方法时要特别注意文化差异性，通常不同国家、不同地域文化习俗的人们，对于某些文化要求和限制是有很大差异的。习俗实际上是一种文化的约束，通常与人们的行为方式相关联。一些习俗决定了什么活动可以做，什么活动不可以做。违背文化习俗可能会完全破坏用户对产品的评价，因此，设计师要有必要的基础知识储备，在设计时必须考虑文化因素。文化差异使得同样一款产品在不同的文化背景下产生不同的接受度。这种差异会影响到用户对产品的认同感，因此，产品设计需要适应不同人群的文化背景和使用习惯，使产品能够得到不同用户的文化认同。

通过提醒设计防止用户出错

通过提醒设计防止用户出错，就是在设计之初要充分考虑用户可能发生的失误或者操作的不精准。

例如，忘了锁车，什么情况下会出现这种状况？当我们把车停下来以后，脑子中正在想其他的事情，或者正在打着电话，就没有想起来需要锁车这个步骤，这种情况下可能就忘了锁车。一旦忘了锁车，设计师如何通过设计加以提醒呢？现在智能车钥匙就能解决这个问题。例如车钥匙上增加一个报警功能，当车主没有锁车离开了车，达到一定的距离后，汽车就会发出报警声。一旦听到提醒的声响，用户一定会想找出这个声音的原因，就会去加以关注，自然而然就会检查锁车情况，并去确认锁车。

如果没有给用户及时的提醒，用户就按原来的模式去做，这是绝大多数用户的一种惯性行为，失误就会无法避免。设计师如何让用户避免这样的失误反复出现呢？不能把责任全部推给用户，让用户去学习、去认知、去理解，而是要深入理解目标群体用户的心理特点、生理曲线及出错可能，然后通过设计加以优化、调整和限制，通过设计实现对用户的正确引导。

综上所述，从失误研究中得出的设计经验主要是：

第一，采取措施，防止错误发生。

第二，增加那些不能逆转的操作难度。

第三，错误发生后，要能够及时察觉到问题所在并加以纠正。

将任务化繁为简

从用户的角度来说，当然是希望任务越简单越好，越少做决定越好，不费脑子就能实现是最好的。设计师需要一些方法将任务化繁为简。如何将任务化繁为简？

应用储存于外部世界和大脑中的知识

如果完成任务所需要的知识可以在外部世界找到，用户就会学得更快，操作起来也就更加轻松自如。但是，当外界知识与可能的操作结果之间不存在自然的关联时，这种知识就毫无用途。

如果设计师传递给用户的信息需要全部记在大脑里才能够正确使用产品，用户必然会出现这样或那样的失误，如记错了、没记住、记混了、数据干扰了、联想性错误等。如果产品的使用信息一部分储存于用户头脑当中，另外一部分储存于外部世界，也就是储存于产品的外在显性的符号、颜色、信息上，就会大大降低大脑的负担，便于用户记忆和操作。因此，就需要将产品的一些信息既储存于外部世界，又要储存于大脑中，并且一定要两者同时兼备。

简化任务的结构

用户使用产品时，如果需要的决策过程太长，势必会增加用户失误的风险。所以，设计师要尽可能简化产品的任务结构，降低用户决策长度。如果必须有一定复杂度和深度的决策过程，那就要给用户一个相对固定的答案和解决方案，这就是简化任务结构，具体办法如下。

（1）不改变任务的结构，提供心理辅助手段

例如，便笺纸、计时器、录音笔等产品，就是给用户提供提醒辅助，简单方便。

（2）利用新技术，把原本看不见的部位显示出来，改善反馈机制

例如，汽车和飞机上的仪表将发动机和其他部分的运转状态显示出

来，驾驶员可以通过仪表获悉关于这些部件的工作状态。

（3）提高便利化程度，但不改变任务的性质

例如，事先烹调好的冷冻食品，使人们不必花太多的时间和精力去烧菜做饭。

（4）改变任务的性质

例如，电子表的应用，使小孩子不必过早学习认识表盘上的时针、分针、秒针。

重视可视性，消除执行阶段和评估阶段的鸿沟

设计师注重可视性，用户便可以在执行阶段明白哪些是可行的操作以及如何进行操作，并可在评估阶段看出所执行的操作造成了怎样的结果。设计师把所有的信息都显现在用户视觉范围之内，就能让用户看明白，能够清晰了解操作结果是什么，即便操作失误了，也能一目了然地看到失误所在，这就是消除执行阶段和评估阶段的鸿沟。用户获得了反馈结果，才能够去做下一个决定和操作。反之，如果产品迟迟不给反馈，用户就无法做下一个决定，便会产生焦虑和不安。

例如，关于另一只靴子何时掉下来的故事（见图 3-24）。

一位年轻人租住在一位心脏不好、经常失眠的房东老太太二楼的房间。年轻人每晚夜归，穿着大靴子咚咚咚上楼后，总是随后发出“嗵——嗵——”两声靴子脱掉扔地板上的巨大声响，住在楼下的老太太不胜其烦，但也只能听到靴子落地两声巨响后才能踏实入睡。某天，晚归的年轻人脱下靴子“嗵——”的一声扔到地板上后，突然意识到这样做

很不妥，于是将脱下的另一只靴子轻轻地放在地板上。而楼下的老太太却不知道楼上发生了什么，听到“嗵——”的一声后，就一直等待着第二声，但是另一只靴子似乎一直也没有扔下来，于是房东老太太提心吊胆地等了一个晚上，一夜无眠。

图 3-24 另一只靴子何时掉下来

为什么楼下房东老太太一晚上没法睡觉？因为她认定了必定是两只靴子落地，必定要发出“嗵——嗵——”两声。因此，当她听到第一声“嗵——”的声响后，就在等第二只靴子落下来。平时靴子落下发出的两声虽然非常影响她睡觉，但是只要听完“嗵——嗵——”两声之后，她就可以安心睡了，这就给她反馈了一个结果，消除了她的评价鸿沟。但是如果第一只靴子落下，第二只靴子却没有落下，没有给她一个完整的反馈，她就不得不一直焦虑等待，并产生不安的情绪。

这里的“靴子”用来形容揪心的悬念，就是强调要消除用户的评估鸿沟。一个产品即使操作稍微复杂一点，但只要给用户及时前馈和反馈，用户就会正常进行操作，不会造成失误。

例如，为了解决汽车后视镜盲区，倒车雷达的设计和显示屏的视觉提醒就能够帮助我们改善驾驶信息的可视化（见图 3-25），提高倒车的安全性。

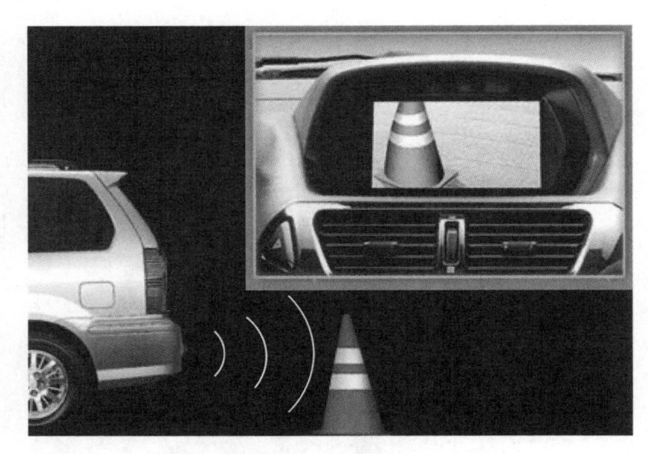

图 3-25　倒车雷达

建立正确的匹配关系

规范的产品零部件设计，都会遵循通用的匹配关系。这种匹配是有规范性的，盲目改变这种匹配关系，一定会增加任务的难度，同时也会增大用户的决策难度。设计人员应当建立正确的匹配关系，确保用户能够看出以下关系：

1）操作意图与可能的操作行为之间的关系。

2）操作行为与操作效果之间的关系。

3）系统实际状态与用户通过视觉、听觉和触觉所感知到的系统状态之间的关系。

4）所感知到的系统状态与用户的要求、意图和期待之间的关系。

例如，汽车仪表盘上显示的需加玻璃水标识与汽车玻璃水容器上面的盖子标识是完全对应匹配的（见图 3-26），使用户操作意图与可能的操作行为之间的关系相匹配。

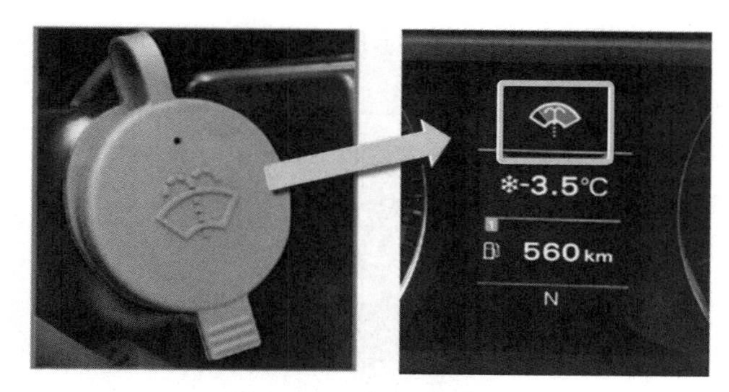

图 3-26 建立匹配关系

通过自然映射作用于控制和被控制对象之间，使人们更容易分辨两者之间的匹配关系。最佳的映射通常是控制组件直接安装在被控制的对象上。

利用自然和人为的限制性因素

设计师可以充分利用自然和人为的各种限制因素，使得用户能够方便地看出一种可能的操作方式。

例如，乐高玩具（见图 3-27）。多数乐高积木都有两个基本组成部分——上部的凸点和内部的孔。积木的凸点比孔和侧壁之间的空间稍大。当把积木挤压在一起时，凸点向外推侧壁并向里推孔。这种材料有弹性并能保持原形，所以侧壁和孔将挤住凸点。摩擦力在其中也发挥了作用，它能够防止两块积木滑开。凸点孔接合系统使用干涉配合原理——不使用其他扣件的两个部件之间基于摩擦力而紧密连接。可以使用三块 2×2

的板做成一块 2×2 的砖，或使用三块 2×4 的板做成一块 2×4 的砖，也可以同时用 2×2 的砖做成 2×4 的砖。一般的乐高积木周边都是 90° 角，但是成品并不局限于正方形。将足够多的 90° 角积木紧密连接在一起，可以搭建兼有球形和曲线形状的物体。只要有足够的积木，理论上几乎可以搭建一切。

图 3-27　乐高玩具

人为做一些适当的限制并不是不为用户考虑。以人为本并不是无条件地为用户服务，而是要有规则地为用户服务，使用户有一些可为，有一些不可为。设计师不能够限制人的主观行为，但是可以通过产品的设计在客观条件下去限制用户的行为。

考虑可能出现的人为差错

> 凡是有可能出错的地方，就一定会有人出错，而且是以最坏的方式，发生在最不恰当的时机。
>
> ——墨菲定律

人为差错是指未能实现规定的任务，从而导致中断计划引起设备或者财产的损坏。

例如，人们取钱时常会把银行卡忘在取款机里，这就是一个非常典型的人为差错。那么可以通过什么设计方式来解决这种人为差错呢？先思考一个问题：去取款机的最终目的是什么？当然是要把取出的钱拿走。原先自动取款机的服务设计是先“吐”出钱后“吐”出卡，所以就会出现用户拿到钱之后就走了，而把银行卡留在机器里。

如果自动取款机服务设计上增加强迫性功能，用户只能先把卡抽出来，才能取钱，这样就可以避免用户取走钱后将卡留在提款机上的情况（见图 3-28）。

图 3-28　自动取款机增加了强迫性功能设计

当然，也有可能出现人们取走卡，却忘记拿钱这种情况，但这种情况发生的可能性很小，因为用户的最终目的就是取钱。通过设计调换了次序，先把卡“吐”出来，用户因为还没拿到钱，自然还要继续等待，最后钱出来了，卡和钱同时都拿到了，这就是考虑可能会出现的错误而进行的防差错设计。

若无法做到以上各点，就采用标准化

为了使社会生产和流通能够经济、合理并顺利地实现，在产品质量、品种规格、零部件通用等方面规定统一的技术标准，这就叫标准化。标准化是产品设计要素的单纯化，包括术语符号标准化、图幅样式标准化、尺寸公差标准化、材料标准化、零部件标准化。各个产品系列标准化、典型化，可使整个产品链单纯化。实行标准化能缩减产品的品种，加快产品设计和生产准备工作，提高产品质量，扩大产品零部件的通用性，降低生产成本。

标准化是另一种类型的文化限制因素，也是提高产品易用性的一个重大突破，标准化的好处是显而易见的。

例如，以前手机的充电接口五花八门，现在统一了电源标准接口后，新手机就可以继续使用原来的充电器，这样就减少了资源浪费，提升了通用便利性（见图 3-29）。

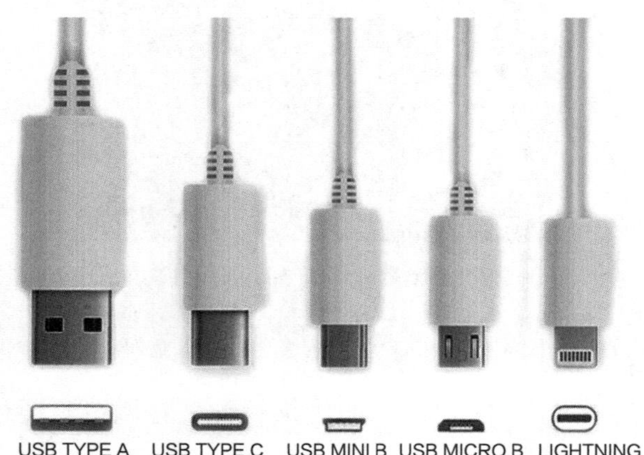

图 3-29　标准化的手机充电接口

又如，钟表的表盘就是典型的标准化设计（见图 3-30）。无论钟表的外部造型如何设计，表盘的设定规则是不变的。

产品标准化后，其通用性、可移植性更强，这就大大降低了同行业间交流以及用户参与的门槛，更利于产品的推广和行业的发展。

图 3-30 标准化的钟表表盘

以上这 7 条路径就是将任务化繁为简的办法。看起来挺好理解，似乎也不难，但是如果要把这 7 条都考虑进去，实现化繁为简就不那么容易了。由于日用产品类别非常多，涉及日常生活的方方面面，所以用户更需要一个简化版的任务模型。对于用户而言，如果同类型的产品，一个任务模型非常复杂，一个简便易行，用户选择后者的概率就会非常大，简化版的任务模型能够帮助用户快速有效地解决这个问题。归根到底，一个产品设计既要考虑产品本身，又要考虑用户各种各样的因素，所以如何进行综合运用，是检验设计师设计能力的一个重要标准。

3.5 用户情绪与用户体验

用户情绪

情绪是对一系列主观认知经验的通称，是多种感觉、思想和行为综合产生的心理和生理状态。一个人的情绪会影响决策、感知、兴趣、学习、优先级、创造力等。情绪影响认知，因此也影响智力，尤其是当情绪涉及社会决策和互动的时候。人们的情感不仅影响认知系统，还有大脑以外的生理系统——声音、面部表情、姿势、动作。情绪与人体有着复杂的相互作用和心灵感应（见图 3-31），不仅影响认知功能和身体功能，而且情绪情感本身也会受到它们的影响。

图 3-31 用户情绪

情绪通常包括以下几种：突发情绪、基本情绪、认知情绪、情感体验、身心互动。

（1）突发情绪

突发情绪是指那些基于可观察到的情感行为系统所产生的情绪，尤其是当手头的系统没有任何明确的内在机制或情绪表现时。

（2）基本情绪

基本情绪主要是指包括人类在内的许多动物都有的天生反应，尤其是面对潜在的有害事件时的反应。在事件信号到达大脑皮层之前，或在意识到会发生什么之前，人们会感到震惊、愤怒或害怕。这些主要的情绪通过两种交流模式识别系统工作：一种是反应迅速并能劫持大脑皮层的粗糙系统，另一种是反应较慢但更精确的精细系统。

（3）认知情绪

认知情绪包括产生情绪的显式认知推理。例如，完成一项困难的任务可以产生强烈的满足感。身心健康的人们，认知产生的情感通常以主观感受激发情感体验，激活边缘反应和身体感受。

（4）情感体验

情感系统能够给情感行为贴上标签，理解自己的情感系统。

（5）身心互动

身心互动情绪具有强大的动力，人们需要能够有效地管理自己的情绪，以发挥积极情绪的正向作用。

用户体验

用户体验（user experience，UE），即用户在一个产品或系统使用之前、使用期间和使用之后的全部感受，包括情感、喜好、信仰、认知印象、生理和心理反应、行为和成就等各个方面。

用户体验是用户在使用产品过程中建立起来的一种纯主观感受，是一种内在的体验，因此很难对其进行适当地衡量和评价。但是对于一个界定明确的用户群体来讲，其用户体验的共性是能够经由良好的设计来获得的。

影响用户体验的三个因素：**使用者的状态、系统性能，以及环境**

（状况）。针对典型用户群、典型环境情况的研究有助于设计和改进系统。

随着计算机技术在移动通讯和图形技术等方面取得的积极进展，人机交互（HCI）技术已渗透到人类活动的很多领域。这导致了一个巨大转变，即系统的评价指标从单纯的可用性工程，扩展到范围更广泛的用户体验；这也使得用户体验在人机交互技术发展过程中受到相当高的重视。良好的用户体验能够成为产品创新或服务创新的重要原则，推动产品或服务不断地更新与升级。

用户体验的生命周期

用户体验的生命周期是指用户从第一次接触该产品到离开该产品的过程。通常划分为以下五个阶段：吸引期、熟悉期、交互期、保持期、拥护期。图 3-32 所示为用户体验的生命周期。

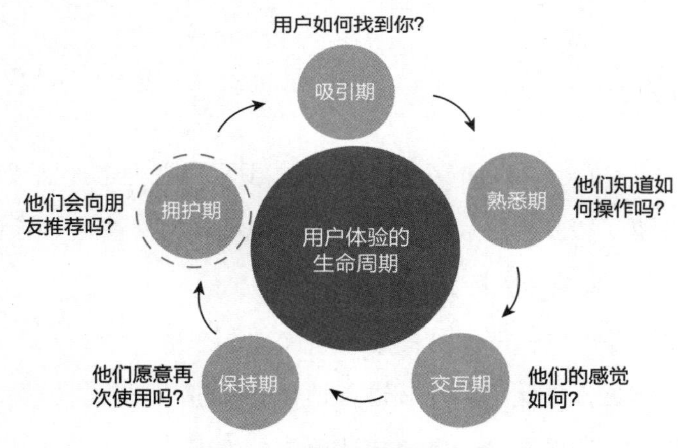

图 3-32　用户体验的生命周期

吸引期：用户如何找到你？

熟悉期：他们知道如何操作吗？

交互期：他们的感觉如何？

保持期：他们愿意再次使用吗？

拥护期：他们会向朋友推荐吗？

设计师应将用户体验促进产品或服务设计作为目标，坚持从用户的角度出发，强调增强用户的使用体验以及与产品的交互特性。用户体验优秀的产品设计，不仅能发挥产品的所有功能，并且用户在使用某产品或享受某服务的过程中，可以更方便、快捷地达成目标任务，还能提升用户对产品的忠诚度。

当今，用户体验正成为以信息技术为依托的新知识经济时代重新审视创新价值的核心理念，设计已经进入了一个高度重视用户体验的时代。在这样的时代背景下，设计不止关乎造型或视觉的美感，优秀的用户体验设计师在设计产品操控界面与用户转化路线时，应当时刻考虑产品目标、商业模式、用户参与以及艺术美感。用户体验设计师还需要深入市场，认真考察与学习，寻找并挖掘能改善用户体验的所有机会。设计师还需要直接与潜在用户或现有的核心客户沟通交流，进行分析与迭代，最终验证产品是否解决了价值主张中的关键痛点。全面、综合考虑用户所有可能参与及接触的环节，建立流畅、高效的线上线下体验流程，创造独特价值。

用户与产品交互过程中形成的用户体验可划分为 5 类。

1）审美体验：基本的、内在的和感性的体验。

2）情感体验：用户使用产品过程中所产生的趋利避害的评价性反应而形成的体验。

3）社会体验：以产品为媒介构建社交关系而形成的体验。

4）认知体验：对产品特征的符号性和象征性方面的认识体验。

5）功能体验：使用某产品实现某技术功能而形成的相关体验。

用户体验是一种复杂的身心现象，任何一种体验不会是一种独立存在的，功能体验和情感体验以及其他类别的体验之间是相互依存、相互统一的关系。用户体验具有复合性，一个整体体验是由很多部分或不同层级的体验整合而成。图 3-33 所示为用户交互体验的相互关系。

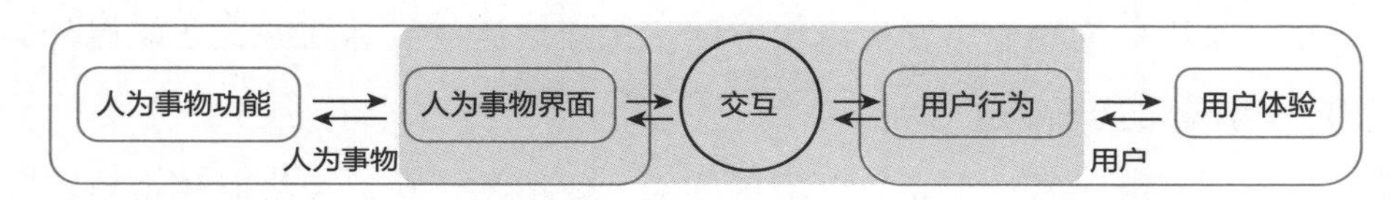

图 3-33　用户交互体验的相互关系

用户体验设计就是专注于人与产品（系统和环境）之间的交互，为某种特定的体验创造其赖于产生的媒介或环境。总体上，用户体验形成机制的探索可以参考三个基本方法。

1）以产品为中心：侧重产品功能和形式两个方面对用户体验形成的影响。

2）以用户为中心：侧重如何理解用户以及用户是如何与产品相关联的。

3）以交互为中心：强调某特定情境中用户与产品之间的交互体验的形成过程。

对于用户而言，经过良好的设计展示体现用户交替体验的共性。通过风格设计、色彩设计、动效展示、图形符号、字体设计，使用户在使用产品的过程中建立起良好的主观感受。而良好的用户体验必须有效地结合市场营销、艺术设计、工业设计和工程学等领域，从本能层、行为层以及反思层三个方面充分调动用户的使用积极性。此外，体验设计还需要注重产品在整个体验过程中的质量及效率，保证产品能够满足使用者各个层面的需求，进而获得广泛的群众基础。

任何具体的体验都是基于上述体验的综合体，统一于一个具体的心理活动过程中。从这个角度来看，体验就是一个以用户动作和系统反馈为基础的、由各种不同的体验共同构成的体验格式塔。在这个体验格式塔中，产品功能体验为具体的体验生成提供了赖以存在的基础，一般意义上的用户体验主要是由审美体验、意义体验和情感体验三个层次构成。

1）审美体验层次是指产品促使用户产生的感官愉悦。

2）意义体验层次是指用户赋予产品以个性化的或其他表现性的特征，以及个体性的或象征性的意义。

3）情感体验层次是指用户对产品的情绪反应和情感评价。

审美体验、意义体验和情感体验三者分别具有内在的规律性，同时相互关联、彼此制约，审美体验和意义体验分别对情感体验的形成具有重要影响。参考用户体验形成的机制以及三种类型的体验之间的相互关系，可以得出体验的核心是情感。

情感化设计

如今的社会物质水平逐渐提高，人们已经不再缺乏基本的物质保障，于是，人们对产品的需求更多倾向于产品本身所赋予的情感价值。设计行业正在经历一个转变，即将设计的重点从“物”向“人”的一种转变，设计重点同时也从“物质需求”满足向“精神需求”满足的阶段。在产品设计中，用户心理是最重要的决定因素，以用户心理感受为主要关注点，将情感化设计应用于产品设计中，显然现如今已经是大势所趋。

情感化设计的诞生时间是设计主流方向重新回归于“以人为本”的时代，是旨在抓住用户注意力、诱发情绪反应，以提高执行特定行为的可能性的设计。情感化设计是以用户的使用经验和使用体验为基准进行产品设计，并以给用户带来更加高效、快乐的产品为最终追求。情感化设计既不强行改变人们的固有思维，也不强行改变人们的行为，而是尊重人们的自然使用方式和惯有思维，一切以人们的实际需求为出发点，进行心理、情感、意义、目的等层面的多样化满足，从而使枯燥的使用过程变得轻松舒适，给人们精神的愉悦。

唐纳德·A. 诺曼从认知的角度，根据大脑活动水平的程度，将人们对物品特征的情感体验划分为三层：本能层面的情感、行为层面的情感和反思层面的情感。

产品形态的情感化

本能层面的情感认知水平为“自动的预先设置层”，对应的产品特点主要是外形。

产品形态的情感化一般是指产品的形式和形状，也可以理解为产品外观设计产生的表情因素。设计师们需要充分利用颜色、图案、造型等方面的设计来构成产品特有的形态，进而赋予一件产品使用功能，甚至包含审美功能和文化功能，让使用者从内心情感上与产品产生共鸣，用形态打动使用者的情感需求。

例如，45° 斜角的水杯把手的设计（见图 3-34），水杯倒着放置时不仅能避免灰尘进入，而且沥干水杯时可以避免杯口与桌面直接接触，将水杯的形式和功能完美结合，方便用户的使用。

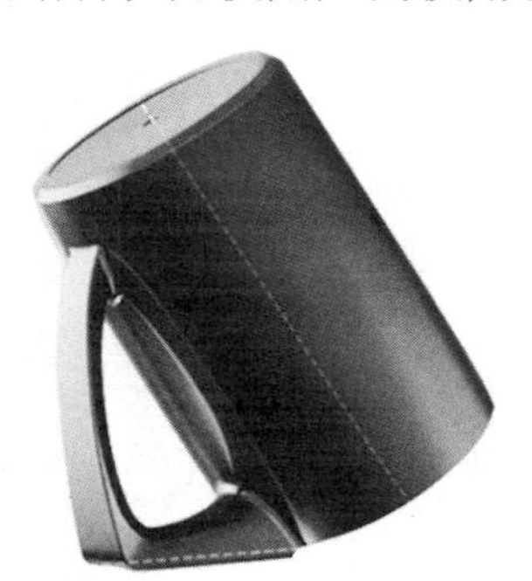

图 3-34 把手 45° 斜角的水杯

产品操作的情感化

行为层面的情感认知水平为“支配日常行为的大脑活动”，对应产品特征为产品的使用乐趣和效率。

主要通过消费者日常生活中的行为活动，带给消费者愉悦、满足的用户体验。设计者只有及时了解消费者的用户体验才能更好地发现需求、挖掘需求，最终解决需求。在产品设计中，拥有良好体验的产品才值得让消费者信赖，并且会通过每一次的使用带给消费者愉悦的使用感受。

例如，座椅式救生圈（见图 3-35），在传统的救生圈加了一条橡胶带，这个小小的改进，不仅让人有足够的体力等待救援，而且有一定的安全感。由此产生了生理需求到心理共鸣的特征，在情感化的设计中体现出以人为本的良好初衷，注重了心理情感需求与情感慰藉。

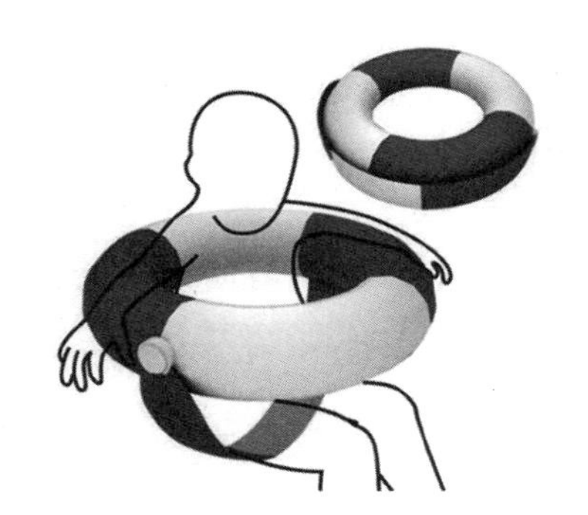

图 3-35 座椅式救生圈

产品特质的情感化

反思层面的情感认知水平为“思考的活动”，对应的产品特征为用户精神层面的自我形象、个人满意、记忆等方面。

产品物质的情感化主要体现在用户的反思层面。反思层面的情感来源于更高级的思维活动，是消费者对产品所产生的回忆和印象。本能层面设计是用户使用前的感官感受，行为层面设计主要着重于用户使用时的过程，而反思层面设计则是从用户开始接触产品到使用完产品之后，或反复使用产品之后的一段时间，在用户心中产生的对产品的认同和定位。

例如，手机 App 所带给用户的反思层设计是行为层设计与本能层设计所带来的综合体验（见图 3-36）。App 设计要注重用户体验，应该具备一些特质使得用户产生黏性，如利益性、趣味性、内容性、创新性、社交性、操作性等构建出 App 反思层的设计。

图 3-36　各类手机 App

在情感化设计中，最高级的层面就是反思层面，它是位于本能层面和行为层面更高的层面。简单来讲，就是大脑思考的部分就是反思层面，反思层面的情感来源于更高级的思维活动，是消费者对这个产品所产生的回忆和印象。当使用者使用完产品或反复使用产品之后的一段时间，是设计师和消费者取得沟通的最重要时刻。通常情况下用户接受新形式事物都需要历经一个阶段，而设计师正应该通过反思层面的设计解决或缩短这一阶段。

产品的情感化设计是将人的心理需求和情感需求列为设计重点，通过外形美观、方便简洁、功能卓越、富有人文关怀，体现“人性化”和“亲和力”。诙谐有趣的情感化设计往往通过用直接的装饰语言带给用户一种亲近感、关怀感甚至缓解了压迫感。提升富有幽默的趣味性将加深用户的感性体验。巧妙的使用方式会给人留下深刻的印象，造型简洁饱满，带有强烈的拟人特征，呆、傻、萌等，有趣且富有暖意。工业时代带来的冰冷，更加凸显人们对回忆、情感、念想的需求。把生活中的细节美和材质美并举，挖掘其表象的更深层含义，对日常形象进行抽象，对材质进行重组，营造一种信任性的情感，使设计最终形成一种微妙的、新奇的美感。

例如，指甲刀巧妙地加入放大镜的设计（见图 3-37），有利于视力减退的人们的使用。在原有的基本功能上进行设计优化体现不同人群的需求；充分考虑使用者的情感需求；赋予更多的情感，设计出有创意的“以人为本”的产品。

图 3-37　加入放大镜的指甲刀

对于产品设计而言，用户情感的来源主要由产品设计特征所引起。因此，用户的情感源于对产品的认知，产品通过其自身的形态、色彩、材质等因素，以及外在环境文化所赋予的内涵意义，组成产品与人们沟通的语言。设计不仅要单纯迎合用户基本的需求，还应引导用户的操作模式。好的设计应在注重审美的同时能够给用户带来很好的操作体验，进而激发用户产生情感共鸣。

激发用户心理内驱力

内驱力是个体在环境和自我交流的过程中产生的，具有驱动效应的、给个体以积极暗示的生物信号。其本质是一种无意识的力量，源于最原始的、积累了整个历史经验的心理体验在人脑中的反映（见图 3-38）。

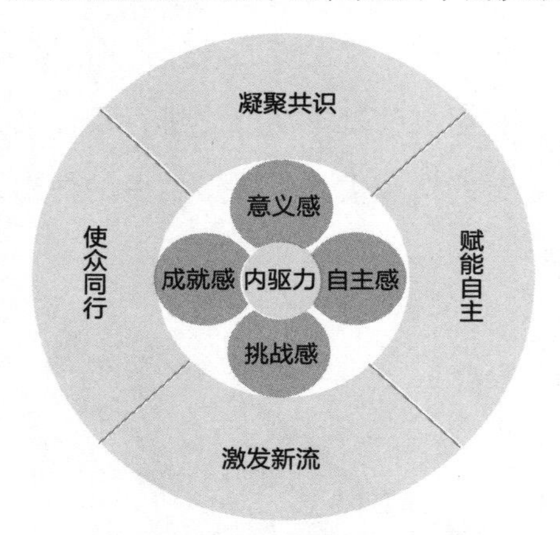

图 3-38　心理内驱力

人的内驱力可分为认知内驱力、自我提高内驱力、附属内驱力。

（1）认知内驱力

认知内驱力是一种源于学习者自身需要的内部动机，这种潜在的动机力量，需要通过个体在实践中不断取得成功，才能真正表现出来。诱发这种内驱力需要激发兴趣，如同利用学生的好奇心，巧妙创设问题情境，诱发认知冲突，注重将学习内容与学生的生活背景、知识背景相联系等方法。

（2）自我提高内驱力

自我提高内驱力是一种通过自身的努力，能胜任一定的工作，取得一定的成就，从而赢得一定社会地位的需要，以赢得一定的地位为满足。

（3）附属内驱力

附属内驱力是指个体为了保持长者们或权威们的赞许或认可，而表现出来的一种积极表现的动机。这种学习动机有较明显的年龄特征，多表现在幼儿和小学生身上，也属于一种外部动机。

人类在自我生命的深处有一种驱使自己成功的力量，相应地，要想通过目标实现来成就自我和增强动力，则需要去承担更多的挑战。人们想要为自己的努力而获得奖励，并且享受与他人对抗来证明自己有成功的潜力。

例如，现在很多互联网产品都会为了激发用户的参与度和积极性打造了很多激励模式，如游戏勋章墙、优惠券、支付宝的奖励金以及积分兑换等。其中游戏勋章墙（见图 3-39）模式最符合马斯洛需求理论的第四层次：让用户的努力和成就被认可。通过勋章墙奖励模式，可以让用户直观地看到勋章壮观的规模，未获得勋章为灰色，削弱用户的成就感，从而激发用户点亮勋章的欲望，提高用户的黏性和忠诚度。

图 3-39　游戏勋章墙

设计师要记住，在利用用户心理内驱力进行产品设计的时候，设置的目标要合乎用户的自身能力。尽管人们可能喜欢竞争，但没人喜欢超越自己能力范围的东西。

例如，微信运动每天记录我们的步数，并产生每天的排行榜，促使人们更愿意出去多走走，增加运动量（见图 3-40）。

心理内驱力是人在社会生活中学习的产物，是后天习得的，因而也是可以改变的。只有认清用户痛点，才能找到痛点问题，设计创造符合人们心理内驱力的好产品。

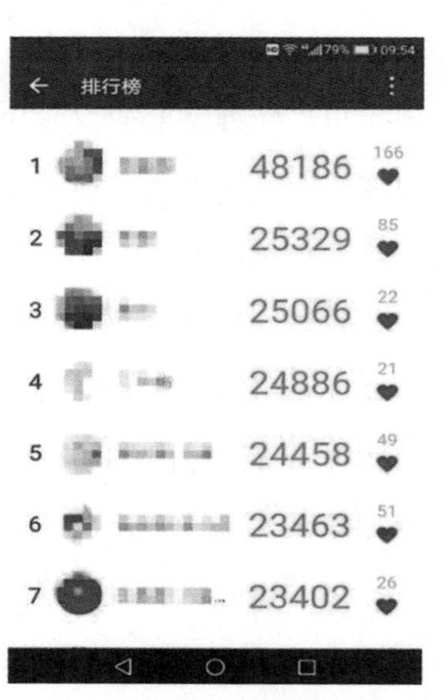

图 3-40　微信运动排行榜

04

第四章

设计中的创造性思维

每个人都具有感性思维和理性思维能力，但每个人的思维方式又有较大差异。设计师为用户进行设计服务时，需要从用户的角度出发，理解用户的思维方式，对于不同思维特点的用户采取不同设计方案。思维导图既是设计师抽象思维具体化的一种手段和工具，同时也是设计师进行创意延展的一个好助手。

思维是灵魂的自我谈话。

——柏拉图

4.1 思维的基本特性

什么是思维

人不仅能直接感知个别具体的事物，识别事物的表面联系和关系，还能运用大脑中已有的知识和经验间接概括地认识事物，揭露事物的本质及其内在的联系和规律，形成对事物的概念，进行推理和判断，进而解决面临的各种各样的问题，这就是思维。

思维是用大脑表示行动和实施行动，是受认知指挥并且导致行为结果。思维最初是人脑借助于语言对事物的概括和间接的反应过程。思维以感知为基础又超越感知的界限。通常意义上的思维涉及所有的认知或智力活动，它探索与发现事物的本质联系和规律性，是认识过程的高级阶段。

思维对事物的间接反映，是指它通过其他媒介作用认识客观事物，并借助于已有的知识和经验或已知的条件推测未知的事物。思维的概括性表现在它对一类事物非本质属性的摒弃和对其共同本质特征的反映。

人的大脑是世界上最精密、最灵敏、最复杂的器官，分成左脑和右脑（见图 4-1）。大脑中不同的区域和有差异的神经组织，针对人们生命活动会产生不一样的功效。

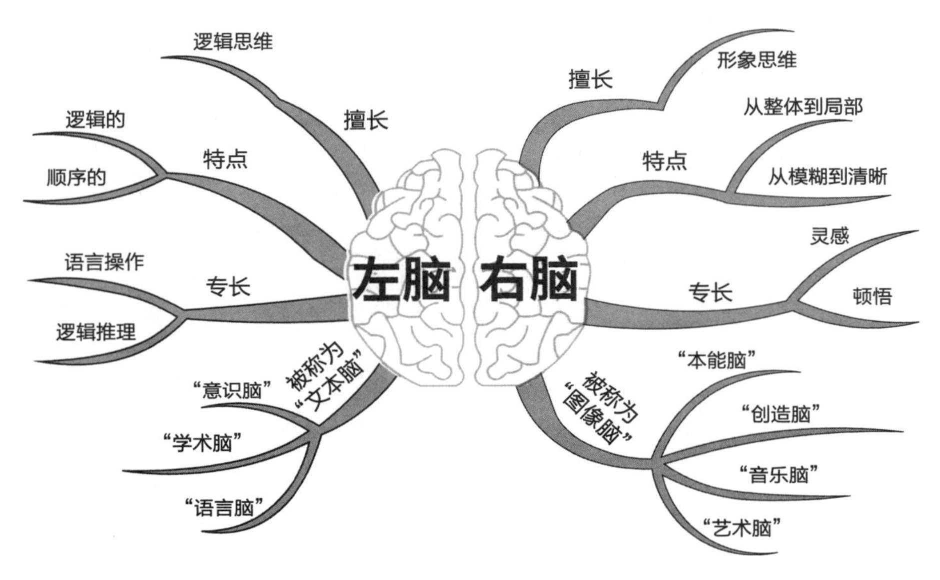

图 4-1 左右脑特点

左脑，通常被称作“文本脑”，对文本和数据信息等抽象性信息内容，具备了解、分辨、剖析等抽象思维能力作用，有客观和思维逻辑的特性，因此又称为“客观脑”。左脑主要处理言语符号传达的信息，是逻辑思维、线性思维、分析思维、收敛思维的中枢。它主管读、说、书写、计算、排列、分类、言语回忆和时间感觉等，具有连续性、有序性和分析性。线性思维的特点是凡事都要一项一项地依次进行，与逻辑和语言关系十分密切。对于大多数人而言，大脑左半球以分析见长，并且以顺序和逻辑的方式行使功能。

右脑，通常被称作“图像脑”，处理声音和图像等具体的信息，具备想象、艺术创意、设计灵感、快速反应等作用，有理性和形象化的特性，因此又称为“理性脑”。右脑具有音乐、绘画、空间几何、想象等功能，掌管想象直觉、韵律空间等感性思维。右脑着重全貌，具有空间感，较偏向情绪性或直觉式思考。右脑发达的人通常都具有丰富的想象力和创造力。

每个人都具有感性思维和理性思维能力，但每个人又有较大的差异，包括特长和短板。在记忆力方面，右脑通常是用图像记忆，而左脑却是通过文字记忆。那些对文字敏感的人，一般都是左脑发达。如果是右脑发达的人，则表现在对图像非常的敏感。设计师要充分了解左右脑的功能特点，对于不同思维特点的用户采取不同设计方案。

思维的形式

思维是人类所具有的高级认识活动。按照信息论的观点，思维是对新输入信息与脑内储存知识经验进行一系列复杂的心智操作过程。思维的过程要经过大脑的分析和理解，是一种间接学习和经验积累的过程，所以思维是一种更为抽象的认知过程。

1）感性具象思维：直接接触外界事物时，由感官直接感受到并由大脑形成事物的具体形象。

2）逻辑抽象思维：以抽象概念为形式的思维。它主要依靠概念、判断和推理进行思维，是人类最基本也是运用最广泛的思维方式。一切正常的人都具备逻辑思维能力，但有一定的区别。

3）理性具象思维：感性具体基础上经过思维的分析和综合，达到对事物多方面属性或本质的把握。由抽象上升到具体的方法，就是由抽象的逻辑起点经过一系列中介，达到思维具体的过程。

基本的思维方式

由于每个人的生理机能存在差异，并且在成长和学习过程中受到的思维锻炼方式不同，因此，思维方式存在非常大的差异。

（1）模仿式思维

模仿式思维是指依据已有的思维模式来模仿认识未知事物的思维方式。这种思维模式是沿袭或者学习前人的经验，积累形成的一种逻辑关系或者逻辑链条。

在认知活动中，从个别到一般是形成一定的思维模式的过程，而从一般到个别则是运用某种思维模式去模仿和探索未知事物的过程。

例如，人工智能的开发和应用是思维模式最具典型性的现代科学技术之一。电脑既是人脑工作原理和思维模式的物化，同时通过算法的设计与程序语言的输入，电脑也按照人脑的思维模式进行模仿与探索着人类已知和未知的领域。随着人脑工作原理和思维模式研究的不断深入，电脑的模仿式思维能力和水平必将进一步提高，从而大大将提升人类认识与改造客观世界的能动水平。

（2）逻辑思维

逻辑思维也叫抽象思维，是人的理性认知阶段，即人们运用概念、判断、推理等思维形式探求事物本质与规律的认知过程。人们在认知事物的过程中借助于概念、判断、推理等思维形式能动地反映客观现实的理性认识过程，又称抽象思维。逻辑思维是作为对认知者的思维及其结构，以及认知规律的分析而产生和发展起来的。只有经过逻辑思维，人们对事物的认知才能达到对具体对象本质规律的把握，进而认识客观世界。它是人认知的高级阶段，即理性认知阶段。

逻辑思维是思维的一种高级形式，是符合外界事物之间关系的思维方式，也常被称为“抽象思维”或“闭上眼睛的思维”。逻辑思维是一种确定的，而不是模棱两可的；前后一贯的，而不是自相矛盾的；有条理、有根据的思维。在逻辑思维中，要用到概念、判断、推理等思维形式，以及比较、分析、综合、抽象、概括等思维方法，而掌握和运用这些思维形式和方法的程度和水平，也就是逻辑思维的能力。

（3）探索式思维

人类的进步一定是不断地学习前人，然后突破创新。学习前人是一种模仿式思维，而突破创新就是一种探索式思维。不断地寻找、发现，在继承前人的基础之上形成的一种创新，就是探索式思维。

探索尝试法是人们最常用的一种解决问题的方法。例如，当产品出现故障时，维修人员通常都不看说明书，而是从积累的经验出发，尝试着去排除故障和解决问题。

学习过程中，人们会通过思维的尝试和行动的试错，来减小与最终目的之间的差距。如果朝一个方向的行动没有任何效果，就朝反方向走。其中许多尝试是没有结果的，但并不意味着白费功夫，它使人们明白那么做是行不通的，进而一步一步排除各种不可行的方法，从而逐渐积累了经验。这种情况下，人们需要特别注意外界的各种现场信息，仔细观察，寻找和发现平时根本不在意的信息，并会把任何外界信息都与最终目的进行比较。

例如，在荒山野岭中迷路了，怎么办（见图 4-2）？可以尝试看太阳、看星星、看月亮辨别方向，尝试按季节看风向，尝试沿水流找人家，尝试看地面行迹找公路等。

图 4-2 荒山野岭中迷路

用户的这种探索尝试，就需要设计师在设计产品时注意以下几点：

1）假设用户对该产品是外行，设计的外观结构应当允许用户的一般尝试动作，而不会把产品弄坏。

2）用户靠尝试动作的反馈来评价尝试的结果，对于允许用户尝试的动作，应当使产品提供反馈信息或提示用户怎么操作。

3）如果用户的操作不符合要求，应当直接提示用户，问题可能出现在那里。

4）人机界面应当适应用户的经验、期待、操作，尽量使用户减少对操作使用的学习，避免用户不必要的尝试。

设计师给用户设定的尝试范围一定要尽量小，尽可能在用户的接受范围之内，千万不要给用户太多种可能性，否则会使用户陷入迷茫。

（4）以日常经验为基础的思维

以日常经验为基础的思维是以“行为——效果”关系为基础的经验思维。这是一种经验的、惯性的思维模式，是指导人们大量的日常行为的一种思维基础。

例如，我渴了要喝水（见图 4-3）。要解决口渴这个问题，我具体该如何做呢？首先要去拿水杯，这时视野范围中出现的杯子造型的容器就是我认知中首先要识别和判断的物体，再通过搜索、识别、区别、确认等一系列知觉行为过程后，我准确拿到水杯。下一步是找到水，并将水准确倒入水杯中，最后喝到水。这个过程对于成年人来讲太容易了！因为我们有着几十年的生活经验，所以做起来毫不费力，看起来都有点像无意识的动作。但如果要求一个机器人来准确完成这个简单的动作，却不容易，需要设计师和计算机编程人员做大量的工作。这个过程中，“行为——效果”关系的经验思维发挥着重要作用。

图 4-3 “行为——效果”关系为基础的经验思维

人工智能的核心就是要让机器人符合人类的“行为——效果”关系为基础的经验思维方式，通过计算机的算法设计和语言编译来模拟人以生活经验为基础的思维和行为。人们生活中大量的人机交互界面设计，都要围绕人的日常生活经验为基础的思路来展开设计。如果不基于此，这些人机交互的产品就会很难操作和使用，很难让用户理解和接受。

以上的四种思维方式是人们常用的思维方式，设计师为用户进行设计服务的时候，需要从用户的角度出发，理解用户的思维方式。

思维的基本特性

（1）思维的目的性

在社会活动中，人的思维是有目的性、有动机的。动机是激发和维持有机体的行动，并将使行动导向某一目标的心理倾向或内部驱力。依据产生动机的原因，可分为内在动机和外在动机。动机有可能来自理性选择，有可能来自想象，甚至有可能来自无知，由此导致的思维过程完全不同，这是思维最基础的一个特性。动机是在需要的基础上产生的，当人的某种需要没有得到满足时，它会推动人去寻找满足需要的对象，从而产生活动的动机和行为。

（2）思维的符号性

思维过程以各种符号为载体，包括声音、图像、文字、动画等。人们大脑中的信息数据处理，首先是先行感觉并输入信息到大脑，然后将信息再进行分析，这些信息通过声音、图像、文字等符号进行传输。在这个过程当中，有的人倾向用文字推理，有的人倾向用画面思维，这就是一种信息符号的提醒。

（3）思维的复杂性

思维的复杂性也称不稳定性或易变性。其表现为同一个人在不同的时间、不同的场合，或不同的人面对同一件事情都会使得想法发生变化。这种思维的复杂性提醒设计师在设计时不能主观认为用户的想法就是一成不变的，就是稳定的，一旦掌握某种操作方式就会一直正确地操作下去的。每个人的想法和行为都是不稳定的和易变的，会造成结果的不确定性，并且都会有出错，也就是思维的复杂性。这种变化有可能是主动的，也有可能是被动的，取决于很多外部因素的影响，如时间变化了、环境变化了、操作条件变化了等，都可能使得用户产生新的变化。

（4）思维的连续性

思维过程是由一步一步想法构成，并最终形成连续的思维链条。有的思维链条很短，如我渴了，因此想喝水，去找水，这是一个很短的思维链条。还有的思维链条很复杂，如求解一道数学题，要分析、列方程、推算、求出结果等。产品设计一定要吻合用户的思维连续性特点。正如前面提到的关于前馈和反馈机制，是指导设计师进行产品设计时要充分考虑到用户思维连续性特点，通过前馈和反馈机制使用户的思维形成一个闭环，使得用户思维逻辑过程不能出现空白，也不能产生断裂，否则用户就无法正确使用产品。用户使用产品过程中只有形成前馈和反馈这样连续的、闭合的思维链条，这个产品才算是一个好用的产品。

（5）思维的跳跃性

在探索新问题时，人们的思维想法常常是跳跃的，多向尝试的。这种思维并不完全遵循常规的思维模式，会有一些非常规的想法出来。作为设计师，即使把一个产品设计得很合理，符合用户的常识或者思维连续性，但是仍然会有用户出现说明书外的其他操作。这是为什么呢？其原因就在于某些特定的用户的思维是跳跃的，其理解就是不一样。

（6）思维的多样性

对待同一个问题，不同的人的思维方式并不一样，这就形成了多样性的思维，产生各种各样的行为。有些人按照思维链进行思考；有些人受情绪主导，情绪思维变化很快；有些人把对方的脸色和神态作为思维依据；有些人只按照自己的思维进行交谈。

（7）思维的节奏性

对于同一种思维方式，有些人思维过程很快，而另一些人节奏则比较慢。产品操作模式的设计需要考虑用户的思维接受程度。如果产品操作界面变化太快，对于一些思维节奏慢的用户来讲，就会应接不暇，无所适从。尤其是一些公共服务类的产品，对于大部分老年人来讲，完全自助式的操作就很困难。因为大部分老年人的思维节奏变慢了，如果产品操作流程切换节奏太快，一个操作还没来得及搞明白就过去了，很多老年人就跟不上这个节奏，就没有办法顺畅地使用产品。

（8）思维的易忘性

当人们思考或交谈一个问题时，思维被集中在问题的解答过程，往往不会记忆思维过程，当产生了答案以后，往往忘记了思维过程。

以上八个方面是思维的基本特性。但对每个用户而言，在信息接受度和思维跃度方面，用户个体的思维模式差异很大。

那些相对难理解的知识，思维该如何发挥作用呢？

对于科学家而言，他们会充分调动逻辑和探索思维去研究，去发现，去突破，通过反复尝试、抽丝剥茧式的方法去探究，试图找到其中哪怕是一条小路，尝试攻克难题，这些是科学家们要做的事情。但是对于普通用户而言，这种难度的工作显然不在他们的任务之内，普通用户并不需要像科学家那样去原理探索和技术攻关，而是更习惯于处理自身能处理的信息，更需要理解自身能理解的思维。用户的思维理解程度取决于其信息接受程度或者其认知程度。用户个体的思维模式差异很大，有一部分用户思维特别敏锐，能很容易理解产品操作模式，而有的用户思维不活跃，没有办法理解那些相对比较复杂的产品操作逻辑关系，无法完成设计师预期的产品操作模式。

怎么办？设计师要用浅显易懂的方式给这些用户提供容易理解和使用的产品操作模式，也就是设计模型。例如，电动牙刷、电动吹风机、电动车，就这些是人们每天都接触的日用产品，一定是要提供给用户浅显易懂、便于操作的使用模式，这样产品才能够被绝大多数的用户所接受。

那么，有没有一类的产品是专门为那些思维度活跃、信息接受度高、认知程度高的用户设计的？有。例如，一些成人益智类游戏产品，各种手游、围棋、象棋、九连环、鲁班锁、魔方等，但这类益智产品不属于日用产品设计范畴。

设计思维

设计思维已成为现代设计师的标志。

——唐纳德·A. 诺曼

设计思维本质上是一种以人为本问题的解决方法。这里所说的设计是广义的设计，是以探索人的需要为出发点，设计并形成符合其需要的解决方案。

设计思维以人们生活品质的持续提高为目标，依据文化的方式与方法开展创意设计与实践。设计思维利用设计者的理解和方法，将技术可行性、商业策略与用户需求相匹配，从而转化为客户价值和市场机会。作为一种思维方式，设计思维被普遍认为具有综合处理能力的性质，能够理解问题产生的背景、催生洞察力及解决方法，并能够理性地分析和找出最合适的解决方案。

例如，暑假快到了，大家都在谈论暑假规划。我发觉自己也需要一个暑假规划，于是就构思并整理了一份非常完美的暑假规划。而设计思维会强调对这个问题有更深入的理解，再着手解决问题，如会问，为什么要做暑假规划？又为什么是这样的暑假规划？

设计思维是当人们最终明确了问题，开始寻找解决办法时，不会很快就锁定一个解决办法，而是去探索各种可能的选择，最后再确定一个最优的方案，然后再不断地测试、验证、改进。有些问题，即使提供了完美的解决方案也依然得不到解决，这是因为问题提出者忽视了某些问题，或者定义了一个错误的问题而造成的。有时识别问题并不像表面上看到的那么简单，人们会经常歪曲、遗漏、忽视或低估周围的某些信息，而这些信息可能恰恰提供了解决问题的重要线索。在设计思维的过程中，正是需要设计师深入理解问题，抑或重新定义这些问题。

美国斯坦福大学设计学院的研究者将设计思维模型分为 5 个阶段模型，包括共情、定义、构思、原型、测试。图 4-4 所示为设计思维模型五阶段。

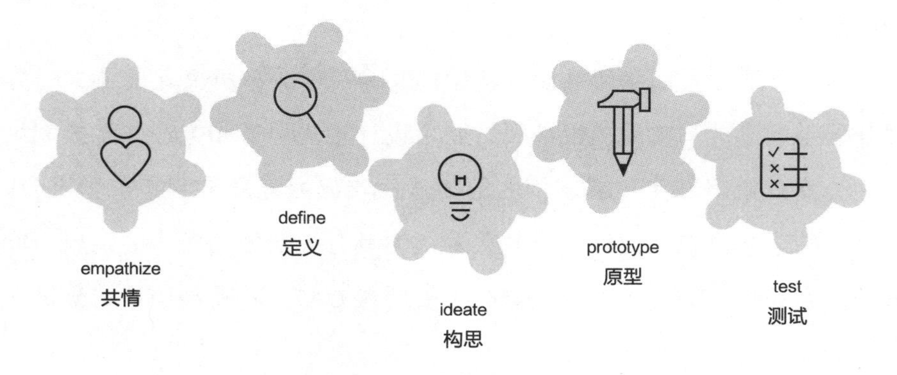

图 4-4　设计思维模型五阶段

1）共情：指理解用户的需求。共情的核心价值是以人为本，设计师以人的需求为出发点，通过观察、倾听、访谈等方法和用户产生共情，进而分析出用户的核心诉求。

2）定义：指以人为中心重新组织和定义问题。其核心价值是排定优先顺序，帮助设计师更快分辨出对用户来说什么是真正重要的，什么是应该花更多时间去投入的。

3）构思：指在创意阶段发散思维产生很多新想法。设计师用各种方法来拓展创造性，目标是产出尽可能多的创意，然后将其可视化。

4）原型：指设计问题的解决方案。构思阶段结束后，从众多创意中选取基本的概念模型，设计相对详细的解决方案，原型的核心价值是生成最小可行性产品。

5）测试：指验证设计原型并改进方案。进行产品样品测试，然后将测试结果反馈到产品的下一个迭代版本中。

决定树

一个人面临的选择越多，所需要做出决定的时间就越长。

——席克定律

人机交互界面中选项越多，意味着用户做出决定的时间越长。例如，比起 2 个菜单，每个菜单有 10 项，用户会更快的从有 20 项的 1 个菜单中做出选择。在某些情况下，如果做决定需要花费的时间太长，用户心理会产生压力。决策效率低是产品导致用户流失的重要原因之一，如果用户面对产品迟迟不能做出选择，付出的时间成本过大，自然会选择放弃产品。

什么是决定树?

决定树这个词是一个非常形象的比喻，将人们思考决策的思维过程比喻为一棵树，决定树包含有树干、主树杈和细枝末节的树杈，这些就好比人的思维过程，通过树枝树杈的繁茂程度就能看出人们决定过程的思维繁简程度。

决定树的核心是什么呢？核心是设计思维。

四种不同类型的决定树

（1）宽而深的决定树

什么是宽而深的决定树？

这种树非常的繁茂，树冠非常饱满，枝杈也非常多。每一个大的树杈上面又有很多小的树杈，沿着树干的某一个树枝往上去延伸，能够得到非常多的可能性（见图 4-5）。

图 4-5　宽而深的决定树

在人们日常生活当中，哪一种类型的决策思维是符合宽而深的决定树类型？

例如，最“烧脑”的围棋（见图 4-6）。围棋棋盘上呈现出的是横竖各 19 条线、黑白双子组成的对峙局面，接下来黑白双方你来我往，到最后决出胜负的时候，所呈现出来的棋盘局面会是什么样子的？你能够想

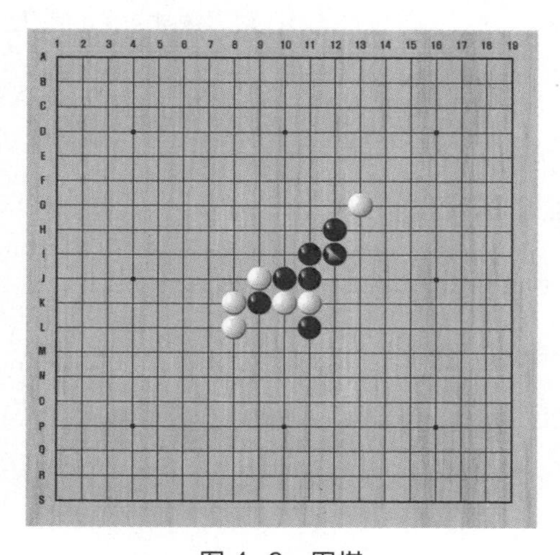

图 4-6　围棋

象出来吗？它有多少种可能？答案是，有 N 种可能。任何一种可能都有胜负的差别。棋盘上黑白棋子任何一个不同的位置的变化，都可能决定了下一步棋子不同的位置。这种决定树的树冠非常茂盛，也就意味着人们整体掌握它是一件非常困难的事情，每一个决策的变化就会决定棋局下一步的变化，而这种变化又有 N 种可能，就跟树有若干条树杈一样。

对于人们来说，这种类型的游戏所运用的思维方式就是典型的宽而深的决定树。它既有多种可能，每种可能又有多种不同的结果对应。这样的一种决定树，对于人们的脑力来说的确是一种考验，想要赢就要努力地动一番脑筋。

这样的产品设计只适用于益智类产品，益智类产品就是要挑战这一类用户逻辑思维的深度和广度，需要人们做很多思维判断和训练，而这样的思维考验并不适用于日用产品设计领域。

（2）宽而浅的决定树

什么是宽而浅的决定树？

这种树只有光秃秃的几根大的树杈，没有那么多小的枝杈（见图 4-7）。

图 4-7　宽而浅的决定树

这种决定树所对应的是人们日常生活当中哪一种决策方式？

例如，在日常点餐的时候，遇到类似麦当劳、肯德基这样的快餐，人们会有若干种口味套餐可以选择（见图 4-8）。一旦人们决定选择了某一个套餐，其搭什么样的饮料、薯条、甜品、冰激凌等就确定了，就不需要我们再次选择。这样的选择决策方式就是很典型的宽而浅的决定树，宽是指其选择项有很多种，浅是指一经初次选择就无须反复多次选择了。

图 4-8　快餐中的各种套餐

与之相反，传统中餐的选项就非常多，虽然更有利于人们个性化选择，却会消耗人们很长的时间来做决定。例如，选了吃鱼，鱼的做法还分清蒸的、豆豉的、烤的、炸的等，有多种烹饪方式可以选择。光吃鱼还不行，还要配上蔬菜，如吃豆角，同样又有蒸的、焖的、煸的、炸的等多种烹饪方式需要选择。因此，在每点一个菜的时候，人们都要做若干种选择决策，点餐消耗的时间会很长。

为了提高用户的选择效率，设计师需要尽可能地避免过多的选择摆在用户面前，否则用户会因为选项过多而犹豫不决，造成时间成本直线上升而导致用户放弃当前操作。当用户在处理应用操作的时候，所消耗的成本越少，心情自然会更加愉悦。图 4-9 所示为决策效率不同的菜单。

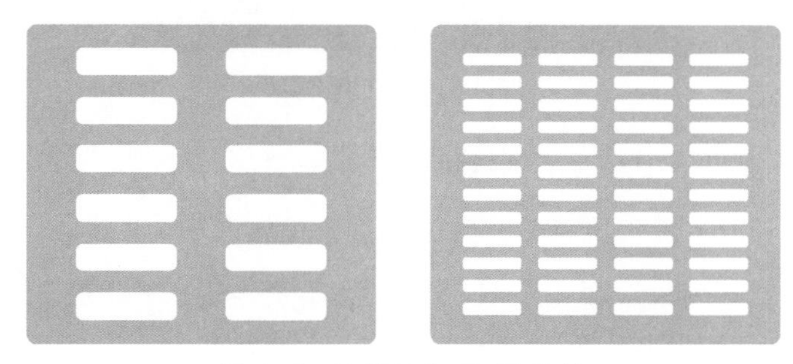

图 4-9　决策效率不同的菜单

（3）深而窄的决定树

什么叫深而窄的决定树?

这种树的大树杈很少，往往只有 1-2 个大树杈，但大树杈上衍生出小树杈比较多（见图 4-10）。这种决定树是人们日常生活当中经常会用到的哪一种决策方式呢?

图 4-10　深而窄的决定树

深而窄的决定树意味着，人们一旦按照线性逻辑关系一步步推进下去，其结果是有唯一答案的，而不是有 N 个答案的，这种决策方式更符合线性逻辑思维方式。

例如，做红烧排骨（见图 4-11）。

图 4-11　红烧排骨

下面，提供一个经典的红烧排骨烹饪步骤：

1）排骨放入沸水里煮 5 分钟去腥，水里放入半勺白醋。

2）煮好的排骨捞起，热油，下切碎的老姜和洋葱、笋片同炒，炒出香味，把煮过的排骨一起下去翻炒两下。

3）准备一个小锅，将排骨整齐地排在锅底，洋葱、老姜、笋片都一起放入，接下来准备调料。

4）八角 1 粒、蒜头 3~4 瓣，冰糖、酱油、味精适量，所有调料倒入放排骨的小锅中，加水，正好没过排骨。

5）大火煮开，倒入料酒，随后盖上锅盖，转小火，慢慢烧大约 45min，差不多可以收汁的时候，放入几根红辣椒。

6）将烧好的排骨捞起，整齐地排放在盘中，所有配料捞起放在排骨上，锅里留剩下的汤汁，用芡粉勾成汁浇在排骨上，最后撒上香菜或者葱花。

好，红烧排骨大功告成！

虽然烹饪红烧排骨的过程有很多个步骤，但人们只要每一步都按照步骤要求去做，最后得出唯一的答案——一盘诱人的红烧排骨。当然，每个人做出来的味道会有些许差别，但是最后的结果是一致的，不可能出现多种结果，因为整个烹饪过程是环环相扣的。这就是非常典型的深而窄的决定树。

（4）浅而窄的决定树

看到这个树，人们可能会笑出声来，它不像树，更像一根牙签，不如前面的树好看（见图 4-12）。而实际情况是，绝大多数的情况下，人们最需要的正是这样浅而窄的决定树。

图 4-12　浅而窄的决定树

人们日常生活中的许多事情都是重复且固定的，如洗澡、穿衣、刷牙、喝水、开门等。这些是人们每天都要不断重复做的事情，人们在做这些事的时候从不用费力思考，不用费脑筋，不用考虑产品的操作步骤，甚至在人们早上起床还迷迷糊糊的时候，就能够轻松完成这些操作。因为每一项操作都很简单，其决策结构要么很浅，要么很窄，从而降低在大脑中进行计划的必要性。相反，如果人们所从事的活动具有宽而深的结构，需要人们去认真计划和思考，并不断地试验和摸索，这就超出了日常活动的范畴。在日常生活中，人们希望把时间用在处理重要的事情上面，而不是花在琢磨如何打开罐头或打电话上。

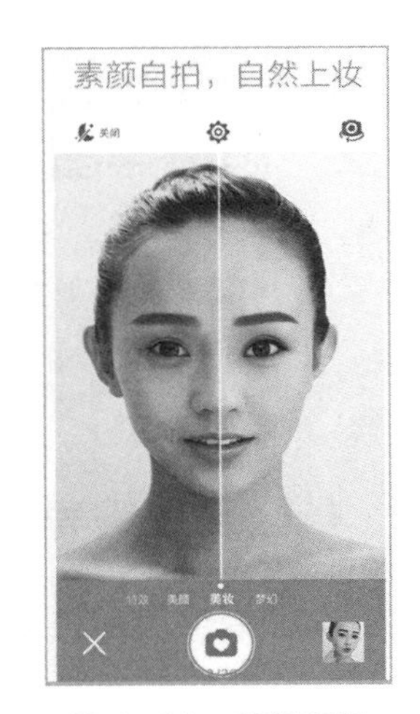

图 4-13　美颜相机

例如，为什么现在很多人（尤其是女孩子们）喜欢用美颜相机（见图 4-13）？没有这个产品之前，人们想要拍出效果好的肖像照片，需要专业的摄像师和照相机，还需要调用专业知识来调光圈、调快门、调焦距，构图并寻找合适的角度。只有多种专业要素完美配合，才能把这个人物形象拍得非常好。这对于普通用户而言，操作难度太大，需要的决策过程太长。而现在这种智能化手机软件，基于底层数字化技术的支撑，人们只需要通过手机摄像头，随手一拍，然后在美图软件菜单选项中点选一键式修图，照片色调、光感、明暗等都可以自动调节，甚至连五官比例、鼻子高矮、脸型胖瘦都能美化，这种操作模式对于普通人来说就是窄而浅的决定树。

这就是技术的进步，围绕着用户的需求设计了最为优化的、最为简便的决策方式和操作方式，这就是窄而浅的决定树。

因此，人们日常生活当中，更多时候需要的又窄又浅的决策过程，最好是一键式的、“傻瓜式”的操作，这才是人们日常生活当中最常用到的，也是最需要的一种思维方式。

4.2 思维导图

想象比知识更重要。

——爱因斯坦

什么是思维导图

思维导图是终极的组织性思维工具

人们想要把信息“放进”大脑，或是想把信息从人们的大脑中“取出”，思维导图是最简单的方法。思维导图是一种创造性的、有效的记笔记的方法，能够用文字将人们的想法“画出来”。

所有的思维导图都有一些共同之处，它们都使用颜色，都有从中心发散出来的自然结构，都使用线条、符号、词汇和图像，都遵循一套简单、基本、自然、易被大脑接受的规则。

使用思维导图可以把一长串枯燥的信息变成彩色的、容易记忆的、有高度组织性的图，它与人们大脑处理事物的自然方式相吻合。

可以通过和神经元的类比来了解和掌握思维导图（见图 4-14）。

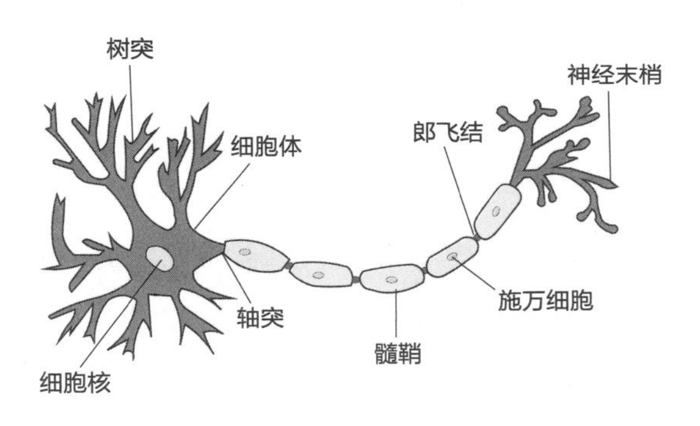

图 4-14 神经元

神经元即神经细胞，是神经系统最基本的结构和功能单位，分为细胞体和突起两部分。细胞体具有联络和整合输入信息并传出信息的作用。突起有树突和轴突两种。树突短而分枝多，直接由细胞体扩张突出，形成树枝状，其作用是接受其他神经元轴突传来的冲动并传给细胞体。轴突长而分枝少，为粗细均匀的细长突起，常起于轴丘，其主要作用是传导由胞体发生的兴奋冲动。如果进行简单的理解，那么细胞体可以理解为信息的处理环节；树突接收膜电位，可以认为是信息的输入；而轴突输出膜电位，就是信息的输出。

思维导图是一种有效图形思维工具，主要包括：中心主题、分支、关键词、颜色等要素（见图 4-15）。

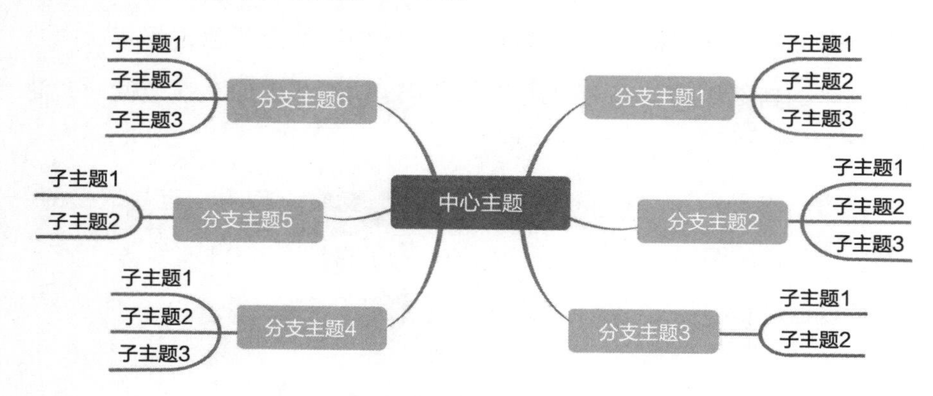

图 4-15　思维导图

中心主题一般采用“**中心图 + 关键词**”表示。

思维导图和神经元的结构非常相似，思维导图的中心主题如同神经元的细胞体，分支如同树突，关键词如同树突的膜电位输入。图 4-16 所示为思维导图类比模仿神经元。

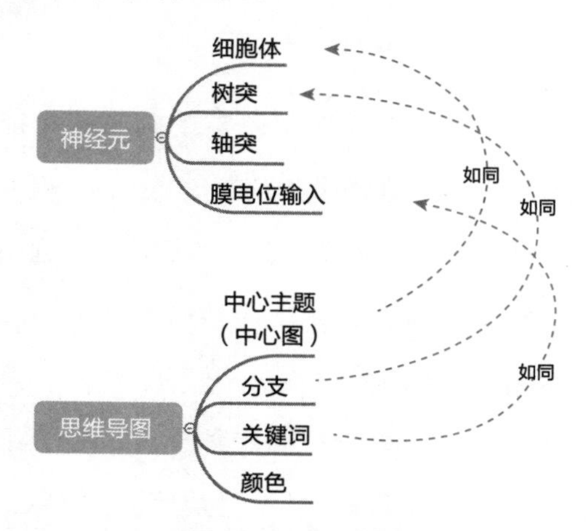

图 4-16　思维导图类比模仿神经元

还可以把思维导图和街道图相比较（见图 4-17）。

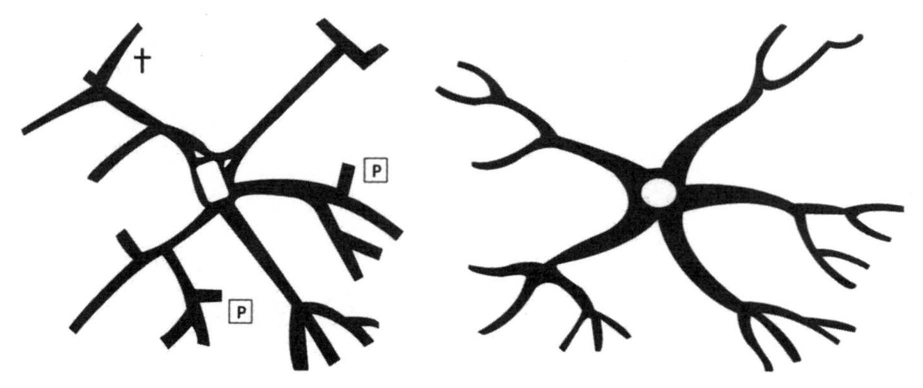

图 4-17 思维导图与街道图

思维导图的中心就像城市的中心，它代表人最重要的思想；从城市中心发散出来的主要街道代表人思维过程中的主要想法；二级街道或分支街道代表人的次一级想法，依此类推，特殊的图像或形状代表人的兴趣点或特别有趣的想法。

就像一幅街道图一样，一幅思维导图需要：

1）绘出一个大的主题或领域的全景图。

2）对行走路线做出计划，知道正往何处去或去过哪里。

3）把大量数据集中到一起。

4）能够看到新的、富有创造性的解决途径，从而有助于解决问题。

5）乐于看它、读它、思考它并记住它。

例如，这张最基本的思维导图是“明天的计划”。从思维导图中心发散出来的每个分支代表明天需要做的不同的事情，如查收邮件、了解客户需求、阅读新闻资讯、闭目养神、编写分析报告等（见图 4-18）。

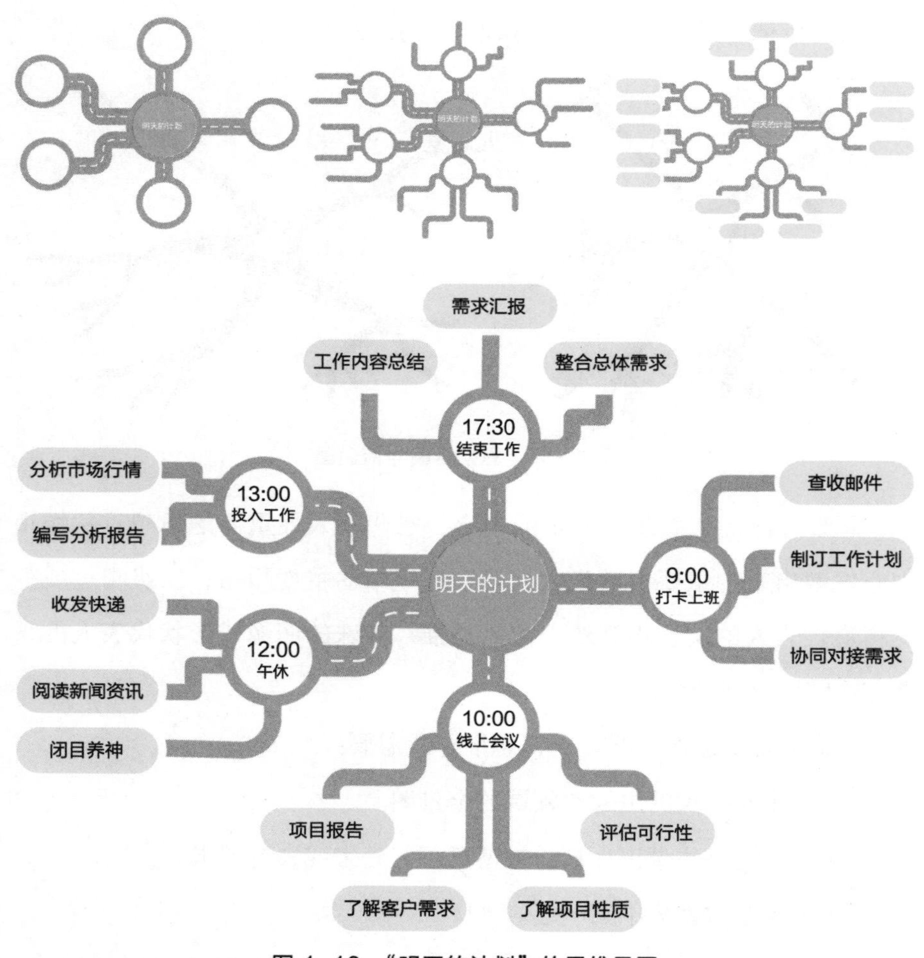

图 4-18 “明天的计划”的思维导图

思维导图也是极佳的记忆路线图，这种把事实与思想组织到一起的方式，与人们大脑自然的工作方式相符。这意味着人们能够更容易地记住，过后也更容易回忆起来，这种方法比传统记笔记的方法更值得信赖。

思维导图的作用

思维导图能够在很多方面帮助人们，这里只列出了其中一小部分。

- 表现出更多的创造力
- 节省时间
- 解决问题
- 集中注意力
- 思想梳理并使它逐渐清晰
- 以良好的成绩通过考试
- 更好地记忆
- 更高效、更快速地学习
- 把学习变成“小菜一碟”
- 看到“全景”
- 制订计划
- 与别人沟通
- 生存
- 节约纸张
- ……

想象一下，你的大脑是一个新建成的巨大图书馆（见图 4-19），它等待着你把数据和信息以书、期刊、电影拷贝、录像带、光盘以及计算机软盘等形式放入其中。你作为这个图书馆的首席管理员，首先必须选择是想拥有更丰富的馆藏或者是少一些的馆藏，很自然就会选择多一些的馆藏。然后你需要做出第二个选择：是否要把信息变得有秩序。

图 4-19　图书馆

假如你不想把信息变得有井井有条，所要做的仅仅是将所有图书和信息全都堆在图书馆地板的中央，当有人来你的图书馆向你借某本书，或者想要找关于某个特定主题的信息时，你只能耸耸肩膀说："都在这一堆里，希望你能够找到它，祝你好运！"

相反的状况，你有一座巨大的图书馆，里面装满了你想要知道的无数信息。在这座先进的图书馆里，绝不会有任何信息胡乱地堆在地板上，一切都井然有序地放在你可以找到的地方。

这个比喻描述了很多人大脑的状态。

人们的大脑经常会储存信息，也一定有想要的信息，可是由于大脑中的信息全都处于无序状态，因此当人们需要某些信息时，即便把脑门拍了 N 遍，却仍然无法找到它。试想，假如以后永远不会再找到所接收的新信息，那么为什么要接受它呢？这种情况导致了人们的挫败感，不愿意再接收或处理新的信息。

思维导图就是存在于神奇大脑中的巨大图书馆里的出色的数据检索和存取系统。

思维导图还有其他作用。人们可能认为装进大脑里的信息越多，大脑就越拥挤不堪，从大脑中输出信息也就越困难。思维导图则会改变这种想法！

为什么？

因为当人们使用思维导图时，每一条新信息都会自动地与“大脑图书馆”中已有的信息“连接”起来（见图 4-20）。这种相互连接的信息越多，人们就越容易“钩出”想要的信息。使用思维导图，学到的越多，就越容易学到更多的东西！

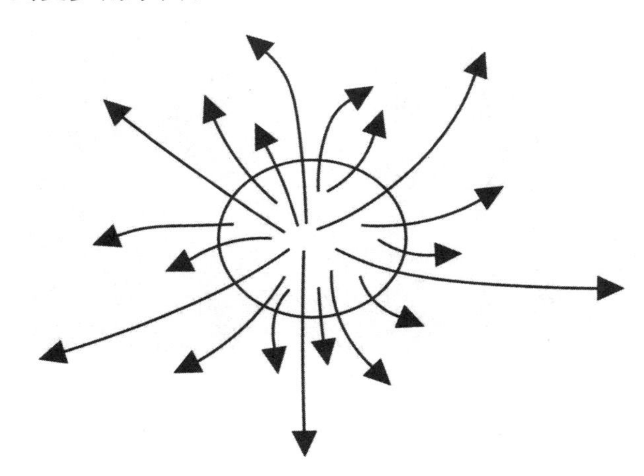

图 4-20　分散思维导图

总之，思维导图具有许多优点，它可以帮助人们使生活变得更简单、更成功。

该开始绘制一幅思维导图了！

阅读下面黑体的词汇，然后立刻闭上眼睛，持续 30s，思考它。

水果

当你看到这个词汇，然后闭上眼睛，涌进你头脑的是不是两个打印出来字：

水—果？！

当然不是！你的大脑里产生的可能是你最爱吃的一些水果的图像（见图4-21），或是一篮子水果，或是水果商店等。你也可能看到了不同水果的颜色，似乎闻到了它们的香味。这是因为我们的大脑能够根据适当的联系进行发散性的感官想象和联想。我们用词汇来触发这些想象和联想，这样大脑就浮现出与各种联想相关的、极具个性化的三维画面。

图4-21　水果

思维导图正是人们大脑中自然的、充满图像的思维过程及思维能力的反映。

如何绘制思维导图

由于思维导图是如此简单、自然。因此，绘制思维导图只需要数量很少的几种“素材”：

- 没有画上线条的空白纸张
- 彩色水笔和铅笔
- 你的大脑
- 你的想象

现在，让我们开始绘制“水果”的思维导图。

（1）从一张白纸的中心开始绘制，周围留出空白

为什么？

因为从中心开始，可以使你的思维向各个方向自由发散能更自由、更自然地表达自己的想法。

（2）用一幅图像或图画表达你的中心思想

为什么？

因为一幅图画抵得上1 000个词汇能帮助你运用想象力，图画越有趣，越能够使你精神贯注，也越能使大脑兴奋！

（3）在绘制过程中使用颜色

为什么？

因为颜色和图像一样能让你的大脑兴奋。颜色能够给你的思维导图增添跳跃感和生命力，为你的创造性思维增添巨大的能量。

（4）将中心图像和主要分支连接起来，然后把主要分支和二级分支连接起来，再把三级分支和二级分支连接起来，依此类推

为什么？

因为，大脑是通过联想来思维的。如果你把分支连接起来，你会更容易地理解和记住许多东西。把主要分支连接起来，同时也创建了思维的基本结构，这和自然界中大树的形状极为相似，树枝从主干生出，向四面八方发散。假如大树的主干和主要分支、主要分支和更小的分支，与分支末梢之间有断裂，那么就会出现问题！如果你的思维导图没有连线一切都会崩溃。所以，要马上连接起来（见图 4-22）。

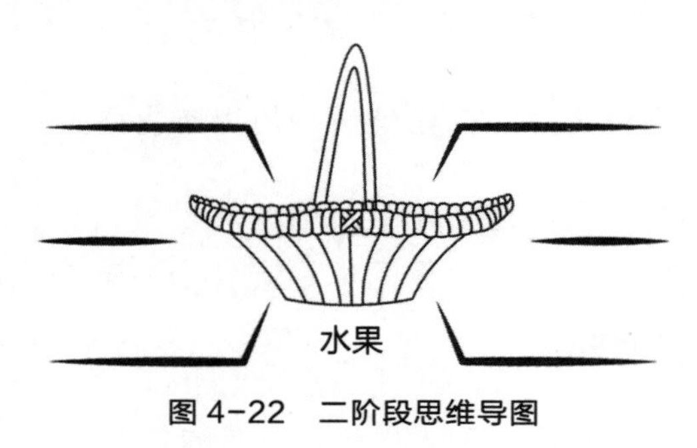

图 4-22 二阶段思维导图

（5）让思维导图的分支弯曲而不是像一条直线

为什么？

分支就像大树的枝杈一样更能吸引你的眼球（见图 4-23）。

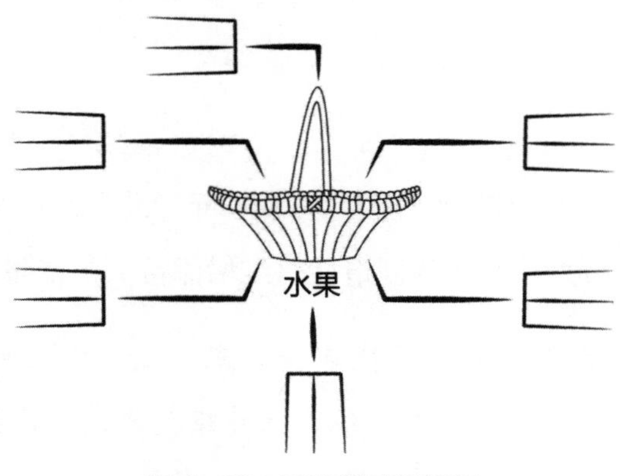

图 4-23 三阶段思维导图

（6）在每条线上使用一个关键词

为什么？

因为单个的词汇使思维导图更具有力量和灵活性。每一个词汇和图形都像一个母体，繁殖出与它自己互相联系的一系列“子代”。当你使用单个关键词时，每一个词都更加自由，因此也更有助于新想法的产生，而短语和句子却容易扼杀这种火花。标明关键词的思维导图就像有灵活关节的手，而写满短语或句子的思维导图，就像手被固定在僵硬的木板上一样（见图 4-24）。

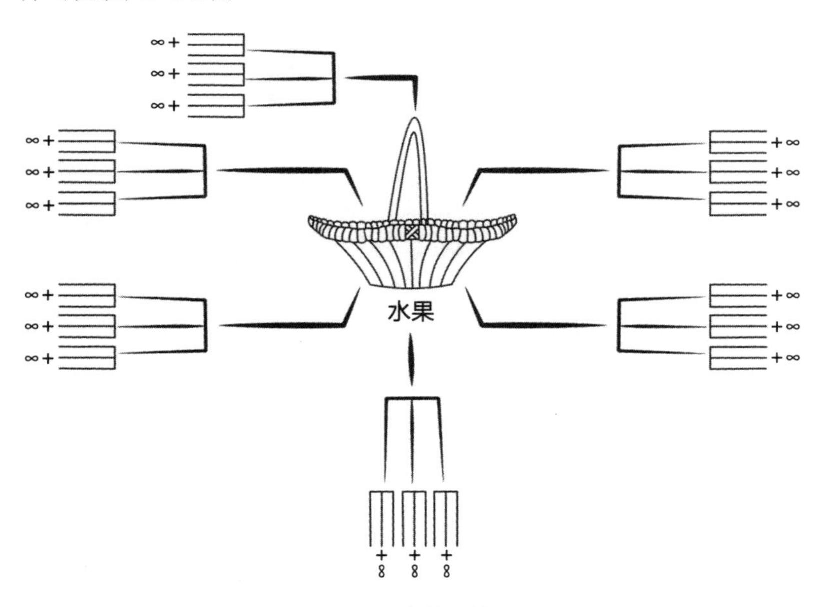

图 4-24　完整思维导图

（7）自始至终使用图形

为什么？

因为每一个图形，就像中心图形一样，相当于 1 000 个词汇。所以，假如你的思维导图仅有 10 个图形，却相当于记了 10 000 字的笔记！例如，提到苹果，脑子里想象的苹果，要用语言把它 100% 地描述出来，在大家的脑海里形成的苹果，最后大家一画，居然是一样的，1 000 个字实在是太冗长了，其实用 10 个图形就能够解决。

（8）最终呈现出来的“水果”思维导图（见图 4-25）

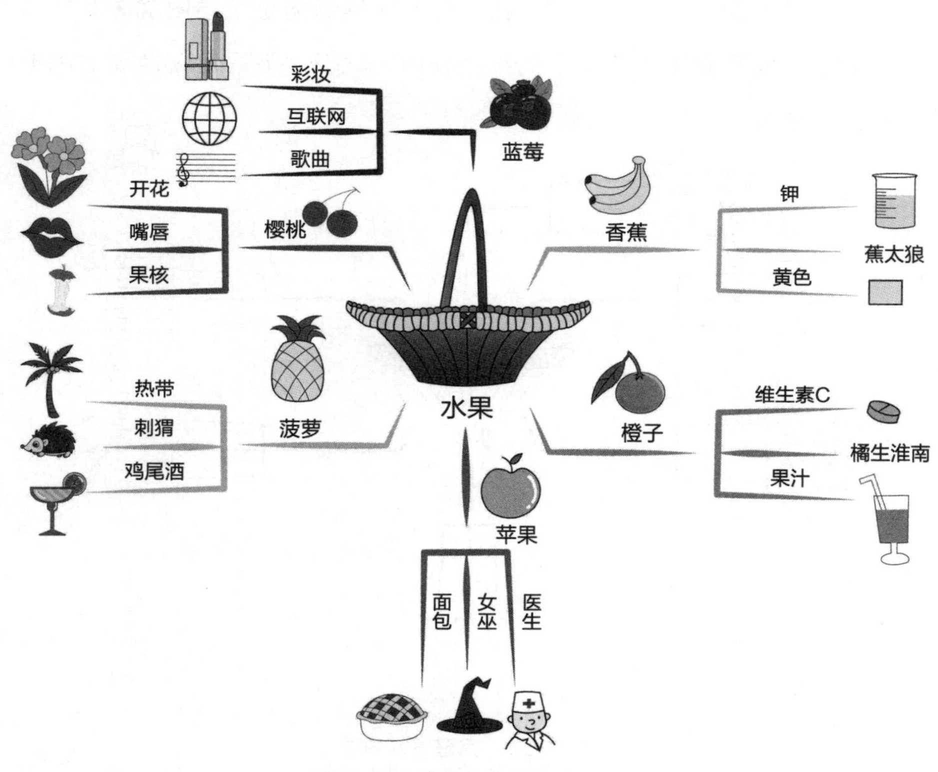

图 4-25 “水果”的思维导图

人们大脑是这样工作的：运用图像和网络般的联想。图 4-26 所示为大脑工作模式。

图 4-26　大脑工作模式

思维导图是这样工作的：运用图像和网络般的联想。图 4-27 所示为思维导图工作模式。

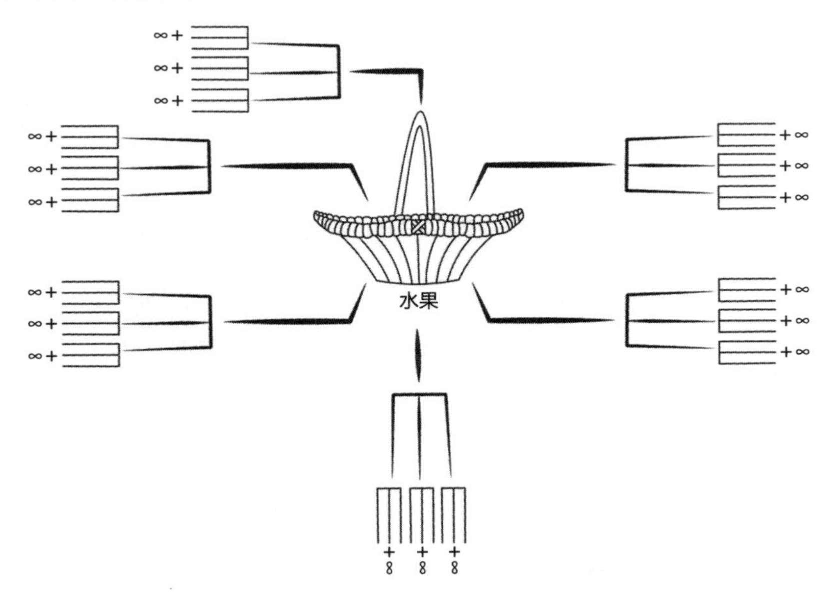

图 4-27　思维导图工作模式

思维导图的工作模式完全符合人脑的思维方式特点，思维导图的特质引发了人们的思维的延展，这其中关键是要把它图示化。思维导图是从中心主题到第一层，从第一层到第二层，从第二层到第三个层级……以此类推，只要逻辑上具有连贯性和合理性，就可以把它不断地延展下去，这就是思维导图的魅力。

作为一个思维导图的绘制者，你将更容易的掌握历史上最具创造力的思想家们所使用的思维模式。

例如，达·芬奇就充分利用了他的想象力和创新思维。笔者认为达·芬奇是把思维导图原理应用于思维领域的完美典范，他的科学笔记充满了各种图形、符号和联想。达·芬奇为什么要用这些记笔记呢？因为他早早就认识到可以用图像和联想来释放大脑无穷的潜能。思维导图助力他在生理学、解剖学、建筑学、绘画、水下勘探与研究、天文学、工程学、烹饪、弦乐演奏、地质学等领域都有所涉猎，并促使他成为伟大的天才，成为他那个时代的“世界第一”。图 4-28 所示为达·芬奇与思维导图。

图 4-28　达·芬奇与思维导图

设计既需要理性，更需要想象力和创造力，设计师要具备很强的逻辑思维，同时还需要具备创意能力。创意是什么？创意就是沿着这种逻辑思维，把看上去毫不相关的一个事和另一件事连接起来，并通过设计展现出其合理性。创意是有线索的，这个线索就是思维导图中一层一层的分级。所有的思维只要能够形成思维的脉络，都是可以称之为是合理的，所以思维导图既是设计师抽象思维具体化的一种手段工具，同时更是设计师进行创意延展的好助手。

第五章

用户调研与产品优化

用户调研是一切设计的基础，可靠的用户调研能够验证产品的价值主张定位是否合理。利用调研结果和信息标签将用户形象具体化，形成用户图谱和画像，精准挖掘出用户需求，从而为用户提供有针对性的设计服务。

5.1 用户调研

用户调研是一切设计的基础

设计和市场是产品研发的两个重要的组成部分，这两部分相互补充，又各自有所侧重。设计师想知道用户的真实需求，以及用户如何在实际条件下使用产品，市场想知道用户如何做出购买决定。

用户调研的意义就在于设计师要看到一个趋势、一个概述、一个框架（见图 5-1）。当调研了很多用户，搜集到大量各式各样的问题后，设计师要把这个趋势先找到，然后围绕这个趋势和共性问题加以解决。这样做的益处是什么？就是避免设计师深陷试图迎合所有用户需求而设计的泥潭当中。

图 5-1　用户调研

设计师的用户调研倾向于定性的调研方法。

1）通过调研深入了解用户群体状况，包括分布、收入、职业、年龄、行为特征等。

2）通过调研深入了解用户心理状况，包括关心点、潜在需求、排斥点、出错类型等。

3）通过调研深入了解用户群体用户对某产品的目的、动机，包括生活方式、行为方式、各种使用环境、用户的想象、用户的期待等。

4）通过调研深入了解用户操作过程和思维过程，从而发现用户需求，包括知觉需求、认知需求、动作需求等。

5）通过调研深入了解环境因素对用户实际应用的影响。

通过调查问卷、实地访谈等形式得到用户数据，对用户需求及体验进行分析、收集、整理和归纳，将用户需求显性化。设计师通过用户调研获取这些信息后，可以建立用户模型，包括行为操作行动模型和操作认知模型，提供设计所需要的信息。在此基础上构建起行为层设计，搭建交互设计与信息架构，再根据行为层设计完成本能层的视觉设计与表现。

用户设计调研

可靠的用户调研

对产品开发设计而言，用户调研肯定是至关重要的环节，对产品成功与否将会产生重要影响。可靠的用户调研能够验证产品的价值主张定位是否合理。可靠的用户调研即经过验证的用户调研，十分强调量化用户调研，它决定了产品进入市场后最终结局的关键。用户调研不仅能够确定潜在用户并建立情感共鸣，更能够与用户直接沟通得到实时反馈来验证产品主张的可行性。

可靠的用户调研方法包括：

1）访谈。

2）观察和记录用户操作过程。

3）自我报告。

4）有声思维。

5）问卷统计。

6）专题调查。

进行用户调查的实质就是与用户进行有效的沟通交流，加深理解。如果缺乏了解人的能力和调查经验，需要先进行尝试和讨论，积累一定经验后才能进行正式调研。

由于人的思维不可见，仅靠一种方法很难获得全面真实的数据，因此需要综合使用上述方法，把若干调查结果进行比较分析，以获得比较可靠的用户信息。

设计调研内容

设计调研内容包括：

1）用户对产品的基本看法，包括用户生活方式、行为方式、使用目的等。

2）用户学习使用的过程。

3）用户的操作过程。

4）产品出现的各种错误，及用户对减少出错的改进意见。

5）用户使用感受及改进建议。

6）用户操作中的思维过程。

7）用户对图标、按键、界面布局的理解。

8）用户各种使用环境和使用情景。

9）用户背景信息，该信息对理解用户有帮助。

建立用户画像

用户画像是对于目标用户的拟定代表。

——交互设计之父艾伦·库伯

用户画像是一种描述目标用户、联系用户诉求与设计方向的有效工具，是对用户群体真实特征的勾勒，是真实用户的综合原型。在大数据时代背景下，将用户的每个具体信息抽象成标签，利用这些标签将用户形象具体化，从而为用户提供有针对性的服务。用户画像是根据用户社会属性、生活习惯和消费行为等信息而抽象出的一个标签化的用户模型。

通过用户调查，可以获得用户画像的若干因素：

文化（包括价值观念、行为方式、生活方式、审美心理等）、知觉期待和预测、感知方式、操作方式、认知方式（包括注意方式、思维方式、理解方式等）、情绪感受、学习方式、操作出错方式等。图 5-2 所示为关于用户画像的若干因素。

产品用户画像，就是从用户调研中得到的各种信息里提取标签，用这些标签构建起用户画像。以消费习惯、偏好等信息来为用户画像，从而得出用户的性别、年龄、兴趣、爱好，甚至收入等，然后根据这些精准信息做个性化的设计、营销和维护。

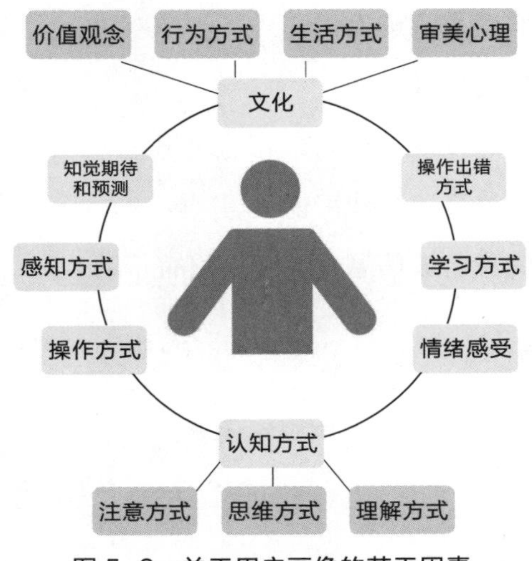

图 5-2　关于用户画像的若干因素

用户画像 = 用户属性 + 使用场景

用户属性：用户的性别、年龄、职业、地区、兴趣、需求等。

使用场景：用户在某特定的场合或时间使用产品。

交互设计之父艾伦·库伯（Alan Cooper）认为用户画像有四个核心作用：

1）产生共同语言。

2）让用户形象不再多变且没有定论。

3）让产品有明确的目标导向，而不是为每个人设计。

4）消除团队成员对产品内容优先级和执行顺序的争论。

图 5-3 所示为用户画像的作用。

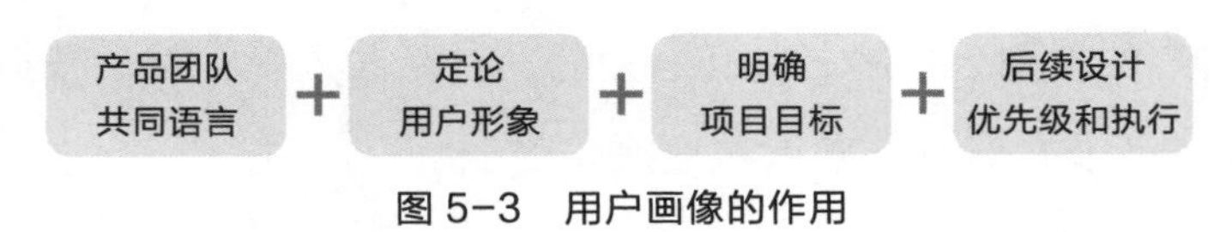

图 5-3　用户画像的作用

用户画像是用户属性的集合，建立精准的用户画像可以使产品的服务对象更加聚焦，更加专注。

用户画像可以提高设计过程中的决策效率。在产品设计流程中，各个环节的参与者非常多，分歧总是不可避免，决策效率无疑影响着项目的进度。而用户画像是来自于对目标用户的研究，当所有参与产品的人都基于一致的用户进行讨论和决策，就很容易约束各方能保持在同一个大方向上，提高决策的效率。

设计师想要做出清晰的用户画像，提高决策效率，需要做好两件事。

第一，提炼用户标签，用故事描述用户画像。

第二，绕开画像误区，防止从源头上出错。

构建用户画像的核心工作即是给用户“贴标签”，而标签是通过对用户信息分析而来的高度精炼的特征标识。

例如，如果你经常购买一些彩妆化妆品，那么电商网站即可根据购买的情况替你打上标签“女青年”，甚至还可以判断出你大概的年龄，贴上“有 20~30 岁的女青年”这样更为具体的标签，而这些所有给你贴的标签汇总在一起，就成了你的用户画像。

实现用户画像需要 9 个步骤。

（1）收集数据

收集尽可能多的用户信息。对目标用户组中的实际用户进行高质量的用户研究。在设计思维中，研究阶段是第一阶段，也称为共情阶段。

（2）形成假设

根据最初的研究，对项目重点区域内的各种用户形成一个大致的概念，包括用户之间的不同之处。

（3）接受假设

接受假设，并且判断用户之间的差异假设是否成立。

（4）建立数据

需要决定最终创建的用户画像数量，通常设计师希望为每个产品或服务创建很多个角色，但是在初始阶段，只选择一个画像作为主要关注点为佳。

（5）描述画像

与画像打交道的目的是能够根据用户的需求和目标制定解决方案、产品设计和提供服务。一定要以这样的思路对画像进行描述，以便有足够的理解力和同理心来理解用户。描述画像应该包括关于用户的教育、生活方式、兴趣、价值观、目标、需求、限制、欲望、态度和行为模式的详细信息。添加一些虚构的个人细节，使画像成为现实的人物角色。给每个画像起个名字，为每个画像创建 1~2 页的描述。

（6）为画像准备情景

角色吸引型画像的目的是创建描述解决方案的场景。为此，应该描述一些可能触发使用正在设计的产品或服务的情况。换言之，可以通过创建以用户画像为特征的场景来赋予每个画像生命。

（7）获得组织的认可

该画像方法的目标是让项目参与者参与其中，这是贯穿这 9 个步骤的共同主线。因此，让尽可能多的团队成员参与到用户画像的开发，并且获得各个步骤参与者的认可。为了达到这个目的，可以选择两种策略：询问参与者的意见，或者让其积极参与在这个过程中。

（8）传播知识

为了让团队成员一同参与，需要把画像描述的方法传播给所有成员。重要的是尽早决定——如何向那些没有直接参与此过程的成员、未来的新成员、可能的外部合作伙伴传播这些知识。知识的传播还包括如何让项目参与者访问底层数据。

（9）迭代调整

最后一步是描述用户的未来生活。设计师需要定期修改关于画像的描述，如重写现有的画像、添加新画像，或者删除过时画像。

这 9 个步骤涵盖了从最初的数据收集，到分析使用，再到画像持续开发的整个过程。在为用户做了精准画像之后，设计师接下来就要考虑如何进行产品的定位、如何优化用户的体验、如何进行广告的精准投放等问题。在互联网的虚拟世界里，隐藏在幕后的用户拥有太多可能性，因此，在互联网营销逐渐占据主流的时代，互联网产品或服务的人群画像愈加重要。

注重用户反馈

用户反馈是使用某一产品的客户对其产品所提出的关于产品的情况反馈（见图 5-4）。

产品每迭代一次都会有一些新的功能优化，这些新功能是基于什么确定的？一定是在用户反馈当中发现了一些新问题，那些原来忽略掉的

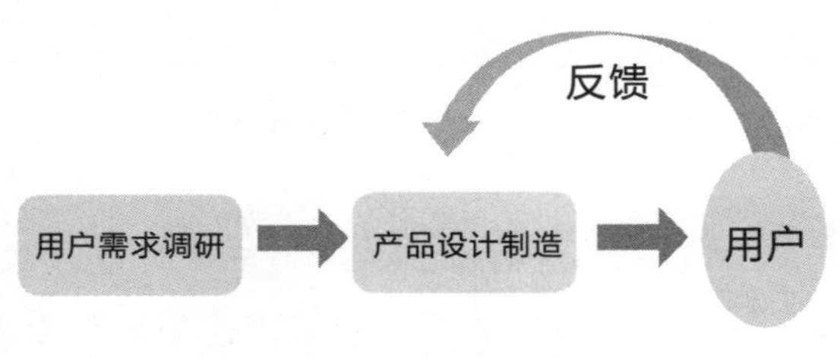

图 5-4　用户反馈

或者当时没有更好解决办法的问题，在迭代优化过程当中把它解决掉，这个其实就是设计完整的闭环流程。一款产品从一个想法开始，发现问题，到用户调研，然后找到解决问题的方法，到产品推到市场后，再通过用户的使用检测及反馈，再回到产品设计师这里进行再进一步的改良优化，这样的循环就形成了完整设计流程。在整个设计流程中，用户反馈是产品迭代和优化的一个非常重要的基础。

设计师既要重视用户反馈，更要研究用户是基于什么样原因产生这样的反馈。有的用户对于产品评价是比较客观，有的用户评价比较感性，或者会提出很多的问题。作为设计师，遇到用户这样或那样的反馈问题，应该怎么处理呢？设计师要客观地评价用户的反馈。用户的反馈声音有很多，设计师需要把这些声音进行客观地分析和理解，哪些反馈确实是问题，哪些反馈可能不是一个很有代表性的问题，找出问题的根源后，就可以有目的、有针对性地进行产品优化改良。

设计调查的后期评价

后期评价至少包括以下 6 方面内容：

1）用户对该产品或人机界面的概念。

2）用户的任务模型。

3）用户的思维模型。

4）用户的出错分析。

5）可能出现什么非正常环境和情境。

6）用户学习操作是否顺利。

设计师要通过一些技术手段去挖掘用户没有表达出来的愿望、需求、情绪等。

例如，利用眼动仪（见图5-5）进行用户视觉捕捉。眼动仪用于记录用户在处理视觉信息时的眼动轨迹特征，并从中提取诸如注视点、注视时间和次数、眼跳距离、瞳孔大小等数据。当用户戴上眼动仪后，仪器里面有摄像头去捕捉用户眼睛的移动轨迹。当眼睛不由自主地聚焦时，聚焦位置上某个频率的高低就会被抓取。用户戴上仪器之后，在这个画面上出现的若干个信息当中，根据看这条信息时间的长短或者频率的高低，从而研究用户个体的内在认知过程。

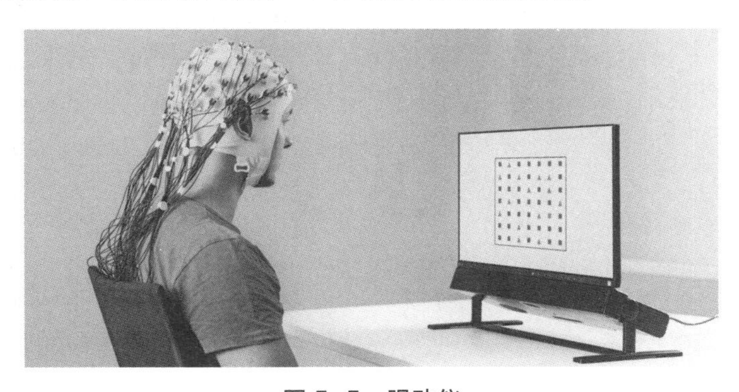

图5-5 眼动仪

又如，大数据的抓取（见图5-6）。人们每天通过智能手机网络终端实现各种各样的诉求，如订餐、订票、购物、旅行，甚至看病，这些信息在不断地输入，后台就会将关于个人的大量数据信息汇集起来，汇总之后，就会形成关于这个人的大数据分析结果，分析出各种用户信息模型，最终形成用户画像。随后针对每一个用户，手机终端就会有更多的同类信息推送，而用户不关注的那些信息，就不会出现其手机终端推送中，除非用户主动搜索才能找到。

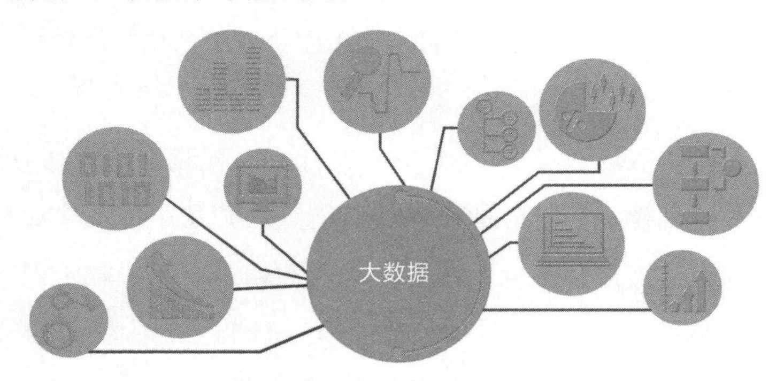

图 5-6　大数据的抓取

实际上，这就是以用户的关注点为基础的信息精准投放（见图 5-7）。关注用户的愿望，通过后台的大数据去分析一个用户或者一类用户的需求的时候，就可以实现极具针对性的信息推送，满足用户的个性化需求。

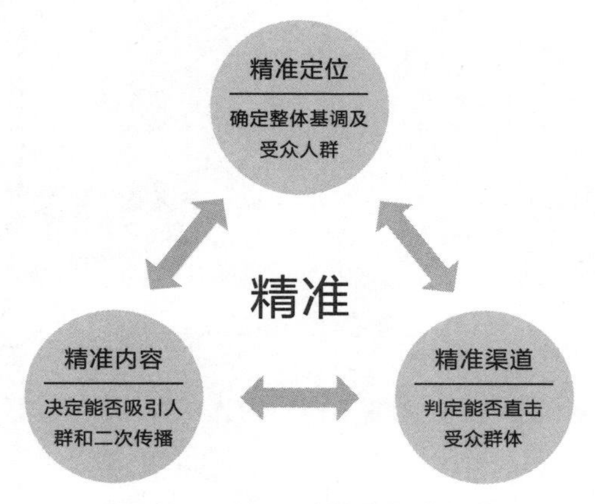

图 5-7　目标用户信息精准投放

这种用户信息模型就是针对某一类消费群体，通过海量的数据分析，形成一个用户图谱，进而精准挖掘出用户需求，甚至包含用户没有表达出来的需求。

例如，我喜欢关注一些时尚类信息，并且经常上网购买一些时尚产品。于是我的手机里就经常弹出这类商品的信息，而且这类信息大都吻合我的消费水平、消费习惯，以及我所关注的品牌。对于我个人而言，这样可以省去再花大量时间去海量浏览，可以从大数据筛选适配过的、相对小范围的品牌当中去选择，能更精准地找到我想买的东西。

依赖互联网的优势和大数据分析能力，能够捕捉到用户丰富的信息和行为习惯，如年龄、性别、收入、工作、地址、购买记录、曾访问的网站等，精准定位用户需求，投放的内容信息越精准，用户能够买单的机会就越大。

使用大数据进行市场调研的优势很明显，但不足之处也需要设计师特别注意。除了用户隐私的暴露风险，真正的问题是大量的数据关系并不能全面揭示用户的真实需求、渴望，以及行为动机。大数据分析的结果可能会得到关于用户的错误印象，因此用户调研既要从广泛而大量用户群体中得到充分可靠的数据信息，也需要从面对面的用户调研中获得其内心深处的真实需求。

5.2 理性用户模型和非理性用户模型

理性用户模型

设计师把关于用户的信息归纳成为用户模型。用户模型包括用户思维模型和用户任务模型。

用户任务模型，包括用户最初的目的和动机，每一款产品都有其用户最核心的目标，核心目标就是用户使用产品的意图和目的。

用户思维模型

用户思维模型包括：用户的感知特性、注意特性、记忆和思维特性，理解表达和交流特性、发现问题和解决问题方式、选择和决断方式、使用符号的特性、学习特性、出错特性等。

用户任务模型

用户任务模型包括：用户的目的、动机和意图，操作计划过程，具体实施过程，评价过程。用户围绕产品的使用目的和动机进行操作，在这个操作过程中，最终是以什么样的评价标准进行评价呢？实施模型是用户模型应用的主体部分，最终能够让用户真正成为这个产品忠实客户的，还是需要靠用户体验和评价。

非理性用户模型

一个好的产品设计，除了要考虑用户正常的使用过程，还需要考虑用户的非正常使用过程。

用户思维模型和用户任务模型两个模型都要考虑用户的非正常操作环境、非正常感知、非正常记忆与思维、非正常信息、非正常理解和交流、非正常情绪等因素的影响，这些都属于非理性用户模型的特征。

如果产品必须是用户在正常使用环境、正常认知、正常情绪的情况下才能够正常使用，那么这个产品就是“以机器为本”的产品，而不是

“以人为本”的产品。因为，只有机器才会是始终正常运转，不受情绪、认知、环境、主观因素的干扰。而如果是人的操作，非正常状态就一定会出现。设计师设置用户模型的时候，一定要把非理性的、非正常的用户状态模型也同时考虑进去。

实现最小可行性产品

在产品设计过程中，经常看到这样一种现象：设计师做一个产品，期望目标用户能涵盖所有人，但这样的产品通常会走向消亡，因为每一个产品都是为特定目标群的共同标准而服务的，当目标群的基数越大，这个标准就越低。换言之，如果这个产品适合每一个人，那么其实它是为最低标准服务的，这样的产品要么毫无特色，要么过于简陋。

最小可行性产品可以证明价值主张，能够帮助设计团队验证它是否被潜在用户所需要。最小可行性产品只要求开发出产品的核心功能特性，并利用其迭代持续调研并验证目标用户是否正确、具体且合理，当最小可行性产品能够有效解决用户痛点，则在此基础上增加新的功能并且再次进行验证，建立一个“创建—验证—衡量”的反馈循环。

产品生命周期

产品生命周期包括产品自然生命周期和产品市场生命周期两种，前者是指产品的物理寿命，后者是指产品的市场接受程度和期限。在市场经济背景下，产品生命周期实际上指的是产品市场生命周期，即从产品进入市场到退出市场的全过程。

随着市场经济消费社会化的不断推进，产品市场生命周期与其自然生命周期之间的背离倾向日趋明显，许多产品在远未结束其自然生命周期就早早结束了其市场生命周期。

显而易见的是，产品生命周期的长短反映了产品更新换代或者说被市场淘汰的速度。从企业角度来说，缩短产品生命周期也许可以使企业在一定的时期内提高销量或者让其不断开发新产品投入市场，从而实现利益的最大化。

但从社会和文化角度来说，一方面，产品生命周期的缩短意味着在一定时期内将会消耗更多的能源和原材料，这无疑对当前日益严峻的环境和能源问题产生负面影响。另一方面，产品生命周期同时也折射出消费文化的特征，反映了用户对待产品的态度或者说用户与产品之间的关系。因此，产品生命周期问题不仅是关乎企业发展和利益最大化的经济学和管理学问题，也是关乎环境、能源的社会学问题，更是与用户的选择、消费态度息息相关的消费文化问题。

关于产品生命周期的研究起源集中于市场营销、生产管理领域，因此，对产品生命周期的理解主要受到了市场营销学和生产管理学的影响，更多地把注意力放在了生产者一边，总体上是为生产者的经济理性服务的。这使得市场营销学和生产管理学对产品生命周期问题的关注几乎都是从生产者角度出发的，从而缺少用户的视角。

产品具有复杂的生命周期。许多用户在使用设备时需要帮助，要么由于设计或指导手册不清楚，要么由于他们正在做的事情出现异常，而这些异常是新产品开发时没有考虑到的。如果不能为这些用户提供充分的服务，该产品将可能损坏。同样，如果该设备必须维护、修理或升级，那么如何管理这些环节，将会影响用户对产品的评价。因此，设计师必须用心考虑产品的全部生命周期。

5.3 可有可无的说明书

新买的电子设备，
你是凭“直觉”使用？
还是在使用前仔细阅读“说明书”呢？
不是不想求助说明书，
而是大部分产品的“说明书”普遍让人费解。

被忽视的产品说明书设计

产品的使用说明对人们来说并不陌生，在日常生活中经常会接触到，它与商品交易及新产品发展相辅相成。设计师们的主要目标是通过使用说明向用户简明清晰地介绍产品功能、基本性能等信息，尤其是相关产品安全、正确的使用方法。但是，正是产品易用性的增强和“说明书”质量差这两个原因，加重了生产企业对“说明书”的轻视，从而构成说明书质量低劣，其设计更不受重视的恶性循环中。

随着时代变迁，产品设计不断发展。目前所处的时代，新产品革命甚至比第二次世界大战后因大规模生产而成就的创新更令人激动。但遗憾的是，说明书设计并未能与产品设计的发展同步。很多产品功能越来越强大、复杂，而外形却常常更简洁。如何教会用户正确且安全地使用这些外表简单实则操作复杂的产品成为更大的挑战。

目前产品说明书质量不高是普遍现象（见图 5-8）。很多说明书并不能精确地表述产品的使用方法及注意事项，令很多用户感到困惑，可见当前产品说明书的设计发展迟缓甚至被忽略。

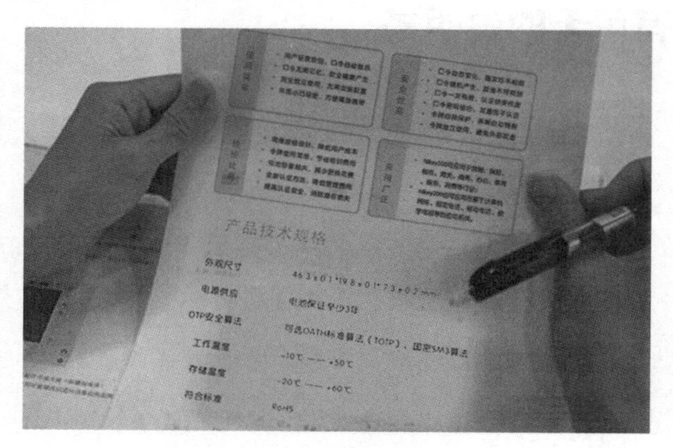

图 5-8　被忽视的产品说明书设计

造成说明书设计被忽视的现状主要来源于当前“说明书没有用”的普遍看法。对于个人消费类产品尤其是电子产品，当前主流设计趋势是“让用户按照直觉使用”，这是很多产品设计师的共同目标。设计师挖空心思要达到这一目的的同时，也造成生产企业对产品说明书的忽视。从个人用户的角度来说，由于说明书普遍不好用，很多用户宁愿凭借经验去尝试各种功能，也不愿提前阅读说明书，甚至一些个人用户表示从来不看说明书。因说明书描述不清或与产品不符，造成用户错误操作并受伤，进而状告厂商的案例屡见不鲜。

说明书是产品的一部分，是重要且不可或缺的。说明书中除了要对产品及各项指标进行正确描述外，还必须保障用户可以根据说明书正确使用产品，避免误操作对产品、操作者、第三方造成人身及财物的损害。

产品说明书设计存在的问题

说明书设计得过于复杂

用户为什么要看说明书？

日用产品说明书的作用可以归为三方面：信息的效用性；信息的可达性；信息的通用性。

产品说明书担负着用户使用该产品的教材功能。产品说明书必须对用户有更大的包容性，需要让所有用户都能很快学会。说明书的设计者必须兼顾不同类型用户的偏好和差异，要达到此目的需要结合视觉信息、听觉信息、触觉信息甚至动觉信息。

然而，很多产品说明书的形式和内容依然停留在多年前的水准，存在冗长难懂、图表简陋、排版混乱、印刷粗劣等问题。绝大部分的说明书只采用单一图、文，抑或图文兼备的形式表述信息，因此信息的通用性不高。

设计师编写说明书时往往存在一些误解，认为把文字写得越多越好。因此造成大多数用户或操作员从来没有仔细看过说明书，而是通过观察别人操作。要想把说明书变薄，设计师就必须改进说明书页面的设计，减少文字，增加图示，尽量减少用户必须记忆操作的信息量。

将说明书的设计与普通平面设计混为一谈

产品说明书的设计与普通平面设计的需求有较大差异，产品说明书的设计需要设计师拥有更加专业化的技能。而目前参与说明书设计工作的设计师以平面设计专业人员为主，跨界设计难度很大。

如何设计产品说明书

产品说明书问题不少，但是专门用于设计产品说明书的指导和参考资料有限，针对产品说明书设计的专业课程更是难寻，设计编辑产品说明书的流程规范缺失。个别设计师在说明书设计中进行了大胆尝试，并取得成功，但优秀的设计凤毛麟角，且难以广泛复制。能否找到一种易于推广的方法，协助设计师设计出满足大众基本需求的说明书，是一个重大的挑战。

（1）利用国际标准指导，提高说明书信息的效用性（针对说明书信息效用）

一些国际和国家的标准委员会一直在推出并更新相应标准或参考指引，以帮助说明书撰写者提高信息的效用性，这些标准和参考指引可以作为采集、编辑说明书内容的重要依据。

除了强调说明书本身功能的重要性和必要性外，该版本还充分考虑了数码传播和全球流通对产品说明书的影响。例如，作为总则性参考，ISO 的规定非常抽象，对不熟悉说明书设计行业及相关规则的设计人员（如平面设计师）来讲，很难将其规定和标准直接套用到实际案例中。

（2）扩大电子媒介的使用以提高产品说明书的可达性

除包装、标签和产品上的简短说明外，将说明书移向电子媒介，用网络、手机让用户能随时查看说明书，是提高产品说明书可达性的有效方法。采用新媒介后，除了可达性增强外，说明书的呈现形式也更为多样化。除传统纸质说明书中应用的静态图文外，还有以下的选择：

音频，视频，音视频结合，由纸版说明书直接转化成的电子文档，交互多媒体形式（包括静态文本图像和动态元素，如视频动画等，可以是线性也可以是交互式呈现），在线帮助系统（包括以上描述的交互元素，也可包括搜索选项），网络合作互动应用（如博客、在线客服等）。

（3）以交互多媒体的形式增强产品说明书的通用性

理论上说，交互式多媒体更吻合人们多元的学习喜好和方式，交互多媒体形式的说明书更通用。它可以采用多种表达方式，针对有不同学习喜好的人同时进行信息传递，如视觉型学习者看图像，听觉型学习者看字听音，动觉型学习者跳过个人不需要的部分。这样则可以让不同类型的受众都能尽快上手。但在实际应用中，交互式多媒体的方式是否能让对数码设备熟悉程度不同的人都简单容易地使用产品说明书呢？

世界经济之父唐·泰普斯科特（Don Tapscott）认为：因为对数码设备的接触程度不同，目前的数码产品使用者可以分成两类，即数字原生代（digital natives）和数字移民（digital immigrants）。数字原生代是指从小在数码设备熏陶下成长起来的人。长大后才慢慢接触数码设备的人则被称为数字移民，如老一代人或者欠发达地区的年轻人。这两类人理解思考问题的方式不同，数字原生代倾向于跳跃创造性思考，而数字移民则擅长储存和记忆信息。虽然目前人们对这种分类方式的细节仍有一定争论，但这两类人在思维、行为模式方面的大体差别是得到共识的。深入探讨验证交互式多媒体说明书针对数字原生代和数字移民用户的通用性是必要的。

第六章

设计以人为本

在设计活动中，设计师要将人的利益与使用需求作为处理一切问题的出发点，以人为中心，产品必须符合人特有的生理与心理因素，并且将是否以以人为本作为评价设计活动的准绳。

人是万物的尺度。

——普罗泰戈拉

6.1 以人为本的设计原则

人本主义强调重视人的价值，认为人生来平等，将人看作万物的尺度，并将人性、自由和人的利益作为价值评判的重要准则。经过文艺复兴和十八世纪启蒙运动，以人为本的观念逐渐成为人类社会政治、经济、文化三个方面的核心价值。人类的社会活动都在强调以人为本，其中心目的就是要激发并调动人的主动性、积极性和创造性，实现人的全面发展。当然，产品的设计也不例外。

设计以人为本是以动机心理学、认知心理学、社会心理学为基础，通过设计以满足用户的使用需要。设计中以人为本的思想是指在设计活动中将人的利益与使用需求作为处理一切问题的出发点，以人为中心，设计的产品必须考量到人特有的生理与心理因素，并且将是否以以人为本作为评价设计活动的准绳。如何实现产品更好地服务于用户，从更高层次满足用户的心理与生理需求，这是设计需要积极考虑的。以人为本的理念符合这种需求，在生产活动中依据人的各种尺度进行设计，使产品的使用功能切合人的实际需要，从最简单的喝水到航空潜海都一直在寻求最佳的解决方案。

同样一款产品，面向不同的用户，考虑到用户的理解程度、接受程度、使用过程中不同的习惯等，这就要求设计师更深入地去理解人的基本特点，包括其特长和局限性。人的局限性分为生理和心理两个方面，生理的局限性包括感官器官的局限性，同时包括认知的局限性。更关键的是，还要考虑人和人之间的差异性。

例如，设计产品的时候，大部分都是以用户右手操作为前提，因为绝大多数人都是以右手来操作，但是有没有人左手来操作呢？有。例如，为“左撇子”倒水设计的茶壶（见图 6-1），使得左手操作的用户也便于操作。

图 6-1　左手倒水的茶壶

优秀的设计作品都是遵循以人为本的原则，通过丰富的设计要素引发人积极的情感体验和心理感受。优秀的设计师在设计过程当中不仅需要考虑使用者的物质需求，还要考虑使用者的精神需求，更为重要的是将人类发展的需求纳入设计系统之中。

李砚祖在《从功利到伦理》一文中，将设计描述成了三种境界：功利境界——审美境界——伦理境界，其中设计的最高境界便是伦理境界。

在新时代的背景下，以人为本的设计理念在设计产品的同时，更应该全面、科学地考虑人类多个层面的需求，用更完善的理念去改善和解决设计问题，服务于实现人类可持续发展的长远目标。

用户、设计师、产品三者形成相互作用的有机关系，而其中最核心的目的就是以人为本。

这里所说的“人”，实际上是指用户，所有的用户。以人为本的“本”，就是要了解用户的核心需求。作为设计师，不仅是要发现用户的表象需求，更重要的是去发现那些用户没有意识到的潜在需求，或者说用户自己没有表达出来的需求。在很多情况下，用户的这种核心需求未必能够用语言特别准确地表达出来，那么这个时候就需要设计师去观察、去分析、去发现，最后找出相对准确的结论。

例如，当人们身体不舒服的时候会去看病，但是因为绝大多数人不是专业学医的，所以人们向医生描述自身的某个器官或者某个区域有什么样的症状时，其描述是非常表象浅显的。比如，患者会和医生说胃疼，很有可能只是其腹部中间的位置疼。但是不是真的是由胃引起的疼痛，患者就没办法准确描述了。这个时候医生不能因为患者自己描述胃疼，就只给患者检查胃，给患者开胃药。医生需要根据患者描述的区域和症状，做深入的检查和综合研判，最终查清楚到底是胃的问题还是其他的问题。这些都需要医生用专业的手段检查并得出专业的结论。只有这个时候，这个结论才是客观专业的，医生才能对症下药。

医生和患者之间是这样的一个诊疗过程，同理设计师和用户也是这样一个关系。设计师对于用户需求也应该对症下药，只是设计师下的“药”不是治病的“药”，而是满足用户内在需求的“药”。

好用的产品不单要满足用户的使用需求，这种使用需求是基于原来的它对于用户的一个可能相对比较粗浅的理解。

例如，减速带设计（见图 6-2）。现有的减速带设计是一种比较生硬地解决减速的办法，这种减速方式会带来一些负面作用。每当车辆经过公路上的减速带时，减速带的突起部分会使车辆产生颠簸，虽然这样能够起到减缓车速的作用，但对于驾驶员和乘客而言，这种被动颠簸的体验并不愉悦，不符合用户深层次需求。减速是用户需求，但并不是用户的唯一需求。用户希望体验好的减速带设计，不单单能够减速，还能够在使用过程中有更好的感受。用 3D 画的虚拟视觉效果替代现有的减速带，即能达到减速效果，还能减少车辆颠簸，这就是好的设计。

图 6-2　用 3D 的虚拟视觉效果起到减速效果

科学技术的发展给人们带来生活上的便利，同时产品的使用和操作带给人们精神上的互动，也就是产品带给用户的体验，这些互动和体验在很大程度上影响了人们行为上的购买认同。在现代设计过程中，满足用户的个性化需求的同时也应注重用户情感方面的因素，因为用户已由被控制的一方上升到了可以控制产品的一方。现代化的设计是设计师与制作者、用户共同参与的设计，更加关注用户的内心需求，目的是要设计出与用户产生更多共鸣的产品。

因此，人本主义设计观最直接的体现是满足用户的个性化需求。个性化需求主要体现在两个方面，一方面是功能的个性化需求，用户希望可以按照自己的需要选择产品功能；另一方面是产品外观的个性化需求，用户不同的文化背景，决定了用户不同的审美和价值观，因而用户希望产品符合自己的审美和价值观。在产品设计中，不断融入用户的个性化需求是现代制造业与传统工业最大的差别所在，这种趋势会随着社会发展和用户价值观念的改变逐渐扩大，个性化需求是产品设计要不断予以关注的问题。满足用户的个性化需求意味着就要注重用户对于产品的体验，由于用户拥有不同的文化水平、经济条件等，对于产品的理解与获得的体验也是不同的，因此，只有满足具有差异化和多样化的用户体验需求，才是真正意义上满足了用户的需求。

当然，人本主义设计观并不是简单地以人为中心，也不是一味地去满足用户的需求，有时候用户的需求是需要改变和引导的，是需要好的设计对其进行影响的。人本主义不是简单地去满足用户的欲望与享乐，产品不能跟随用户的欲望而设计，不能被用户的欲望所引导，否则不但不会有好的产品设计，还会造成资源的浪费，加大自然环境的压力。人本主义设计观中的人性化设计较情感化设计，更加注重人与人之间的关系，它不单单关注产品与用户之间的关系，满足产品的个人服务与个人情感化体验，而且更加注重整个用户群体之间的互动关系，更加关注产品在人与人的交流之间所起到的作用。

人本主义设计观应站在一个更为系统和发展的角度去思考设计问题，而不是只满足用户体验感受的设计目标。人本主义的本质是在满足用户个性化需求的同时，促进用户、产品与社会的和谐发展，三者是互相影响和互相关联的。设计师要通过设计实践带动全社会对设计的认知和理解，这是一个循序渐进的过程。用户的诉求永远要多于设计能够解决的问题，这也是一个时代不断向前进步的驱动力。用户的诉求永远比我们已经设计出来的产品还要多，设计师能拿出其中一部分来解决，然后当设计解决了一部分问题，感觉很欣喜，用户会有更多的需求冒出来，所以作为设计师，永远不要停下追寻用户这样那样需求的脚步，要一直紧紧跟随着用户。当然在有些情况下，设计师也会加快脚步超越用户并去引领用户。

6.2 人性化设计

人性化设计是一种理念，设计师通过对设计形式和功能等方面的“人性化”因素的注入，赋予设计物以“人性化”的品格，使其具有情感、个性、情趣和生命。设计人性化的表达方式就在于以有形的物质反映和承载无形的精神状态。良好的设计源于对用户心理和科学技术的充分理解。人性化设计以充分了解和满足用户需求为基础，完成从产品到人的良好沟通，通过设计指示出什么是可能的操作，会发生什么，会产生什么样的结果等。设计师需要关注用户可能出错的地方，并加以改进，这是改良设计的重要之处。当产品出现问题的时候，用户能够根据提示及时了解出了什么问题，并采取正确的措施解决问题。当这个过程自然而然发生的时候，人与产品的交互性、协作性就会很好，用户的使用体验就很愉悦。

设计的目的是满足人的需求，而不是产品本身。设计在人类的活动中是为了改变现状，使之变得更好，是为了人类自身而要创造一种更为合理的生活方式。人的复杂性与多样性决定了人的需求和价值观的差异性，人们对以人为本设计概念的理解也就不同，这需要设计师准确把握以人为本的设计理念，用辩证的思维协调以及优化人与物之间的关系，即从设计目的的复杂性和层次性的角度，分析设计对人的直接性目的和间接性目的的满足问题，而且始终是以人的需要为中心的。产品设计要最大限度地考虑人的行为方式，关注人的感情，在使用设计物时能让人产生舒适感、愉悦感，而不是让人被动地适应和理解。了解不同文化层次和不同年龄结构的用户特点，设计物就能满足不同用户的需要。例如公共空间设计首先要有明确的功能划分，形成动静有序、人与自然和谐共处的空间结构。

具体到产品设计来说，就是设计不仅要具有实用功能，还可以让用户感受到一种人性化的关怀，而当用户感受到设计者的良苦用心之后，也自然认可了产品本身。

例如，刀具品牌双立人曾在2019年推出了一套彩色系列刀具（见图6-3）。传统刀具都是铁灰色的，给人以冷冰冰的感觉。而双立人推出的这款彩色系列产品，目的也是十分明确的，就

图6-3　双立人彩色刀具

是为了改变人们对刀具的传统印象。呈现在人们面前的红色、橙色、绿色和蓝色刀具，不仅让人赏心悦目，而且还能够联想到家庭的温馨，让用户在瞬间对产品的好感倍增。

例如，对于插头的设计，有时拔出插头会很费力，主要原因是手指很难发力。一款易拔插头被设计成环状（见图 6-4），一根手指即可轻松拉出，内环中还安装了蓝色发光指示，即使是在黑暗中也可以轻松找到。在保证插头内部线路不受影响，且技术能够实现的情况下，这样的设计是一种不错的选择。

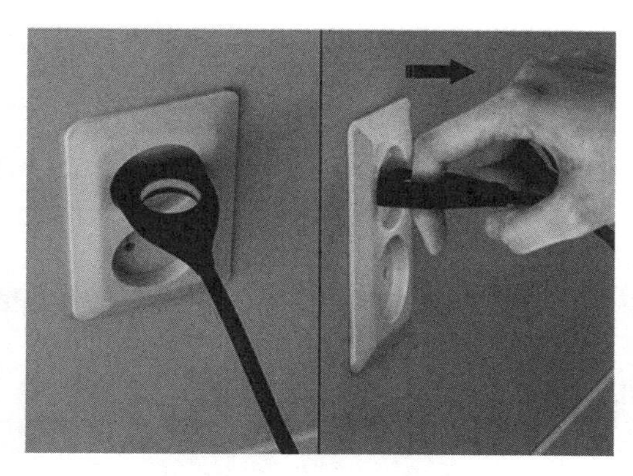

图 6-4 易拔插头

6.3 无障碍设计

无障碍设计，传统的概念是指为老年人、残疾人提供方便的物质空间环境方面的规划和设计，是面向特定人群进行的人性化设计。随着社会的现代化发展，人们对无障碍设计的认识水平有了进一步的提升，将其扩展为“可及可用的设计”，以促使每个人享有平等使用、参与的权利为目标。当代社会的无障碍设计者必须具备伦理意识以及良好的社会责任感，在设计过程中自觉地将平等参与、人性化设计、利他主义、良心设计考虑进去，从而实现对每个障碍者的人文关怀。

无障碍设计是一件复杂的事情，因而许多设计师的出发点也各不相同，有的注重艺术美感，也有的注重成本核算，而且它还需要进行多学科协调。

例如，城市的无障碍设施更系统地呈现了设计师对人性的人文关怀。比如对道路的坡化设计（见图 6-5），在人行横道交叉口设置盲人过街的声音指示器，在地铁站配置有盲文按钮的升降机及轮椅席位等。这些设计有效避免了非健全人的心理障碍甚至是自卑感，支持他们和健全人一样正常生活。

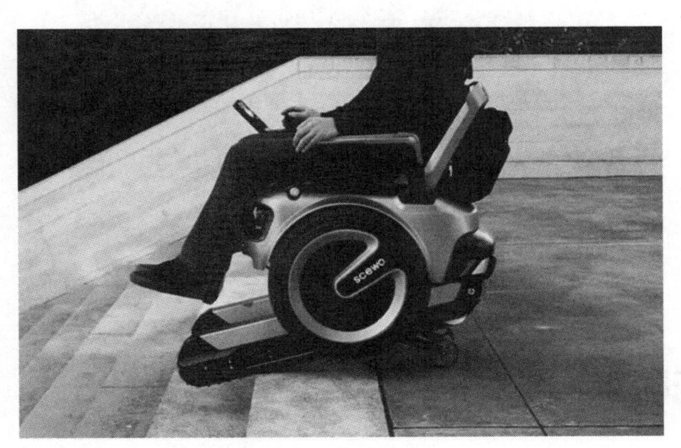

图 6-5　无障碍设施

又如，视力障碍人群很难对平面产品信息自主地进行判读，借助 3D 技术可将平面设计产品转换为凹凸可触摸识别的立体纹饰图案，辅助视力障碍人群通过触摸自主地进行识别（见图 6-6）。这方面的设计应用已延伸至无障碍生活、无障碍旅游等多种场景，为视力障碍人群提供自主识别判读信息的便捷。通过触觉的功能代偿能够解决视力障碍人读取平面信息的问题，辅助实现他们用“手”看世界的需求，更好地识别他们想要获取的信息。

图 6-6　3D 打印的咖啡厅标识

6.4　绿色设计

绿色设计是以保护生态环境作为可持续发展战略的目标，追求人与自然的和谐相处，以治理环境污染为发展前提，突出高效节能的绿色生态设计理念。绿色设计在产品整个生命周期内，着重考虑产品环境属性并将其作为设计目标，在满足环境目标要求的同时，保证产品应有的功能、使用寿命、质量等要求。绿色设计公认的原则为“3R 原则”（reduce 、reuse、recycle），即减少环境污染，减小能源消耗，促进产品和零部件的回收再生循环或者重新利用。

绿色设计的设计理念和方法是以节约资源和保护环境为宗旨，它强调保护自然生态，充分利用资源，用人性化的技术来满足消费者的需求，达到可持续发展的目的。绿色设计是一个多领域相融合、彼此交叉的系统，也就是说，它不是单一的设计要素与孤立的艺术现象，而是围绕核心宗旨呈现出设计的多个侧面：简约化设计、循环设计等。

（1）简约化设计

简约化设计在充分考虑人本需求设计理念的前提下，让产品设计尽量简洁化，形式与功能尽量合理化、标准化。当代社会，人们普遍背负着较为繁重的生活和工作压力，加之外界视频图像的极大丰富，让人们在很大程度上陷入了审美疲劳的状态中，烦琐、炫目的产品设计更容易让人们产生厌烦心理。反之，那些在造型、色彩、材质等方面都十分简约的产品，更容易获得人们的好感。

以日本品牌无印良品的产品为例，在材料方面，无印良品多使用那些原始和生态的材料，特别是在包装盒中，通常采用纸质包装，在满足包装需要的同时，带给人们以天然和质朴的感觉；在色彩上，偏爱黑、白、灰三色，特别是在一些家居木制产品中，更喜欢直接使用木材的原色，给人以返璞归真之感；在造型上，则追求一种“无意识”效果，即让产品以最简单的形式出现在最合适的地方，让用户可以无意识地自然使用。

（2）循环设计

循环设计主要指的是回收设计，有时也称为闭环设计，就是实现广义回收所采用的手段或方法，即在进行产品设计时，充分考虑产品零部件及材料回收的可能性，回收价值的大小，回收处理方法，回收处理结构工艺性等与回收有关的一系列问题，以达到零部件及材料资源和能源的充分有效利用，使环境污染达到最小的一种设计思想和方法。

例如，在物流行业中有待大面积推广的可循环包装箱。采用环保可回收材料，循环使用，解决一次性包装箱的资源消耗问题，降低了单次使用的经济成本。又如，无线射频电子标签替代传统一次性纸质标签，可多次擦写、重复使用。结构设计保证包装箱开合简单、结合牢固，便于多箱堆垛等，减少了存储和运输空间以及相关经济成本。

6.5 生态设计

西蒙兹和斯图亚特·考恩这样定义生态设计：任何与生态过程相协调，尽量使其对环境的破坏影响达到最小的设计形式都称为生态设计。生态设计与绿色设计一样，孕育于 20 世纪 60 年代的绿色运动，主张在设计时应系统地考虑产品生命周期对生态环境造成的影响。随着产品生命周期评估（LCA）设计工具的提出，生态设计能够对产品的整个生命周期（生产、使用和处置阶段）实施量化评估，还包括与生产（如原料获取，辅助材料和操作材料的生产）和处置（如废物回收与处理）相关的上游和下游过程。

生态设计作为一种“过程中干预”的设计方法，广泛应用于制造业和建筑业，有效地控制生产和施工中各个阶段的环境影响，以促进制造商在产品生命周期内将某些有害物的使用量最小化，从而减少对环境的破坏。时至今日，生态设计仍是实现环境可持续性的重要方法之一。

例如，日本著名产品设计师深泽直人利用施工工地的安全网制作手提袋。建筑用的安全网在城市中随处可见并且建造完成后即拆除，作为被人们忽视但是却有价值的物品，安全网价格低廉且具有韧性，将其作为手提袋，可保证其功能性与实用性。

深泽直人这样说：“使用这种人们一点儿也不在意的东西，它越难看，越远离设计，共有的价值就会越多；构成这种价值的事物是共存的。也许，一起经历这些事物就会创造我们之间隐含的连接。”面对新环境的需求，基于可回收利用的废旧材料、天然环保材料和高新技术材料与各种工艺的设计手法，在产品造型与结构的优化、使用能耗的降低、延长生命周期等方面充分展现更深入的思考和创造，这才是具有胸怀的生态反思与实现。例如日本资生堂公司提出联合国可持续发展目标（SDGs）愿景：美颜与环境共生，并将这一理念在产品设计中加以体现。

6.6 可持续性设计

当前全球频发的气候灾害、日益尖锐的社会冲突，还有突发的公共卫生事件，无一不警醒我们，全球大多数地区仍备受不可持续发展问题的困扰。联合国政府间气候变化专门委员会于 1993 年定义了可持续发展的三个目标：经济增长、社会公平、生态环境协调。可持续设计提出在满足经济增长需要的同时要提升生态效益和社会福祉，主要体现在共享设计、包容性设计、为社会创新设计等方面。

（1）共享设计

新世纪开始，全球范围内席卷起一场共享浪潮，共享式产品服务的兴起使人们与产品的互动方式发生改变，其表现为由产品“使用权”代替产品“拥有权”。其本质是将供给方的存量资源和功能的使用权暂时性地分享，以通过提高存量资源的使用率来创造价值，更加充分地体现社会消费的包容性和平等主义。

例如，共享单车（见图 6-7）、共享厨房和共享移动电源等项目为人们的社会生活带来了极大的方便，有助于消费者获得比以往更多的选择权，更便捷地获取他们想要的产品或服务。

图 6-7　共享单车

（2）包容性设计

包容性设计是指设计产品或服务时满足更多人的需求，来最大限度地降低失能，并消除设计偏见和排斥性。英国标准协会（BSI）将包容性设计描述为：“尽可能多的人可以访问和使用的主流产品和 / 或服务的设计……无须特殊改编或专门设计”。

例如，街道中的盲道可以指引盲人行走，但是其不平坦的表面会妨碍轮椅、婴儿车及腿脚不便的人行走。日本 Hodohkun 公司设计了一种软胶型路道来避免这种情况的产生（见图 6-8）。这种软装材料不仅可以被盲人有效识别，而且还不会妨碍其他出行者行走。

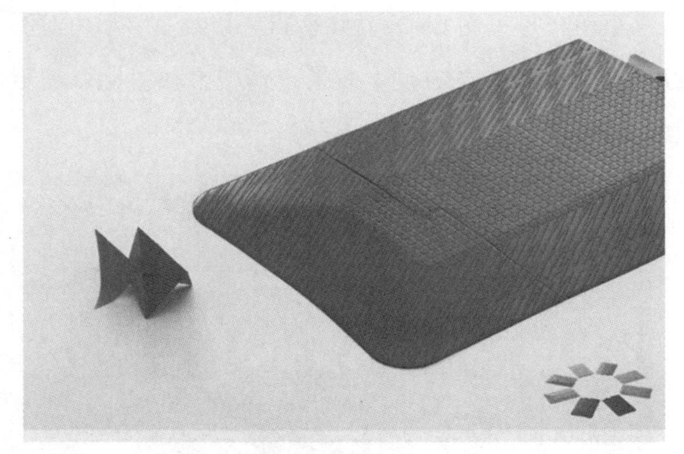

图 6-8　盲道设计

在众多可持续设计方法中，包容性设计是最能凸显社会平等的方法，力图在设计的过程和结果中减少对用户产生无意识的排除，它将设计过程中的处理重点更多地聚集于社会维度，关注点由物转向人。

例如，美国微软公司 2020 年推出的 Xbox 自适应控制器（见图 6-9），就是一款包容所有玩家的游戏机控制器，它形状扁平，按键硕大，能感应残疾玩家身体不同部位（如下巴、手肘、脚）的轻微碰触，适用更多的人群和不同的场景，以消除产品面向能力障碍群体的生理和心理隔阂，获得平常人都有的、更容易的使用体验。每一位残疾人士可以根据身体情况，选择匹配自己的游戏手柄方案：如手指不灵活的人可能会用摇杆鼠标，没法使用手臂的人可能会用脚踏板，高位截瘫的人可能会用头去触发装在轮椅上的按钮，头部也不能运动的人可能会用嘴控制游戏杆等。

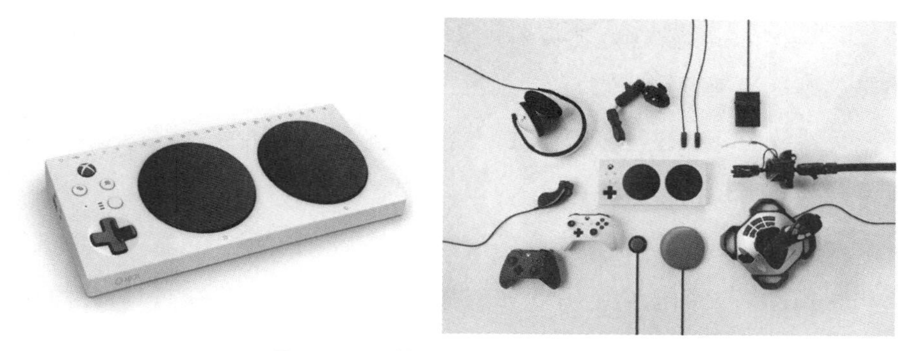

图 6-9 微软 Xbox 自适应控制器

（3）为社会创新设计

为社会创新设计是由国际可持续设计与创新联盟主席曼奇尼在 2014 年提出的。他认为这是一系列使社会创新更有可能、更有效、更持久、更易于传播的设计方法，设计师不应是设计的主体，而应是帮助人们在社会创新中发挥更大作用的人。作为一种“参与方式及生活模式干预”的设计方法，旨在凝聚社区力量，帮助人们参与到创新中，以创造符合自身需要的产品、服务、社会关系或合作模式。

例如，以照顾老人来抵付房租的共同住房服务，集中销售本地食物来重振当地经济的供销网络，以及社区营造的绿色屋顶等项目。为社会创新设计的提出，使可持续设计的焦点由物和人转向社会系统，其主张社区协作和互助互利来推动社区乃至社会的可持续发展。

在当前人们的基本生活需求已经满足的状态下，“以人为中心”的设计理念需要转变为“以人与自然的共存为中心”，将自然的生态环境与人的需求考虑共同作为设计准则，秉持“以人为本”原则中最根本的、满足人类长远可持续发展的核心宗旨。可持续设计是现代社会发展的大势所趋，也是18世纪后半叶工业革命兴起之后对设计责任的反思与关注，更是生态环境持续恶化之下对设计立场的自警和自省。产品的设计应是一门可持续的、工程与艺术相融合的交叉技术，既着眼于人的当前需求，又考虑到自然和社会系统的健康、人类可持续发展的长远目标。

人们通过产品实现物与环境的交流，交流的过程存在着相互联系和作用，产品对人们的生活方式、思想价值观等产生了影响。与此同时，人们不断提高的思想观念、审美观、生活方式等对未来产品设计的发展方向也有显著影响。因此，产品设计与大众的设计意识是息息相关的，人与产品、与环境都是相互影响，是相互作用的。“以人为本”是在满足用户个性化需求的同时也注重对用户设计意识的引导，使其与产品设计共同发展。设计的核心理念就是尊崇“以人为本”的原则，注重考虑人的因素，即人的心理习惯、人所接受的教育和人所生活的经济与社会环境的影响等；同时也要统筹兼顾协调多方关系，实现人与物、人与社会、人自身的健康和良性发展。

随着社会的发展，设计也在发展，“以人为本”的设计思想与设计实践也变得更加丰富。当然这些设计理念不是有着天然的、明显的区分，而是设计师在设计过程中秉持的理念，或者说是围绕“人”这一主题，聚焦于人类发展的某一中心思想。随着设计的发展，“以人为本”的设计理论会变得更加完善，更加统筹兼顾人与人、人与社会、人与自然的关系，使社会变得更加和谐。

参考文献　REFERENCES

[1] 诺曼 . 设计心理学 [M]. 小柯，译 . 北京：中信出版社，2015.

[2] 辛向阳 . 从用户体验到体验设计 [J]. 包装工程，2019，40（8）：60-67.

[3] 陈琦，刘儒德 . 当代教育心理学 [M]. 3 版. 北京：北京师范大学出版社，2019.

[4] 杨玉东. 陈述性知识与程序性知识的教学策略 [J]. 天津师范大学学报（基础教育版），2010，11（3）：18-21.

[5] 皮连生 . 教育心理学 [M].4 版 . 上海：上海教育出版社，2011.

[6] 刘征，孙迁守 . 产品设计认知策略决定性因素及其在设计活动中的应用 [J]. 中国机械工程，2007，18（23）：2813-2817.

[7] 张蒙蒙 . 产品设计中情感化设计的研究 [J]. 西部皮革，2021，43（14）：23-24.

[8] 闫灿灿 . 基于非理性用户模型的虚拟实验设计研究 [D]. 长春：吉林大学，2011.

[9] 李云 . 产品设计中的情感因素 [J]. 包装工程，2021，42(14)：318-320；328.

[10] 付尧月 . 基于用户体验策略的产品开发设计研究 [J]. 艺术与设计（理论版），2020（4）：87-89.

[11] 郝亦超 . 基于情感化设计的 APP 界面设计 [J]. 美与时代（上旬刊），2021（9）：13-15.

[12] 姚湘，胡鸿雁，李江泳 . 用户情感需求层次与产品设计特征匹配研究 [J]. 武汉理工大学学报（社会科学版），2016，29（2）：304-307.

[13] 张幸荣. 以用户需求为导向的产品设计研究 [J]. 包装工程，2020，41（20）：

303-305；309.

[14] 李翠. 论产品设计中用户思维的必要性 [J]. 科技与创新，2018(8)：41-42.

[15] 孙利. 用户体验形成基本机制及其设计应用 [J]. 包装工程，2014，35(10)：29-32.

[16] 李宇佳，杨雪. 非理性用户模型在虚拟实验中的构建与应用 [J]. 现代远程教育研究，2014(2)：107-112.

[17] 林万蔚. 用户体验视域下设计师角色的转型研究 [J]. 产业与科技论坛，2019，18(12)：111-112.

[18] 刘颖，苏巧玲. 医学心理学 [M]. 北京：中国华侨出版社，1997.

[19] 刘海，卢慧，阮金花，等. 基于“用户画像”挖掘的精准营销细分模型研究 [J]. 丝绸，2015，52(12)：37-42；47.

[20] 勒威克，林克，利弗. 设计思维手册：斯坦福创新方法论 [M]. 高馨颖，译. 北京：机械工业出版社，2019.

[21] 布朗. IDEO，设计改变一切 [M]. 侯婷，译. 沈阳：万卷出版公司，2011.

[22] 安布罗斯，哈里斯. 设计思维：有效的设计沟通和创意策略 [M]. 詹凯，臧迎春，贺贝，译. 北京：中国青年出版社，2010.

[23] 吴金海. 消费文化视野下的产品生命周期：一个消费社会学的探究 [J]. 社会发展研究，2019(4)：39-53.